W0255094

Hans Kiefer Winfried Koelzer

Strahlen und Strahlenschutz

Vom verantwortungsbewußten Umgang
mit dem Unsichtbaren

Dritte Auflage unter Berücksichtigung der neuen
ICRP-Daten mit 49 zum Teil farbigen Abbildungen
und 49 Tabellen

Springer-Verlag
Berlin Heidelberg NewYork
London Paris Tokyo
Hong Kong Barcelona Budapest

Professor Dr. Hans Kiefer
Max-Planck-Str. 7
7514 Eggenstein-Leopoldshafen

Dipl.-Phys. Winfried Koelzer
Hauptabteilung Sicherheit
Kernforschungszentrum Karlsruhe GmbH
Postfach 3640, 7500 Karlsruhe 1

ISBN-13:978-3-642-77549-9   e-ISBN-13:978-3-642-77548-2
DOI: 10.1007/978-3-642-77548-2

CIP-Kurztitelaufnahme der Deutschen Bibliothek.
Kiefer, Hans: Strahlen und Strahlenschutz : vom verantwortungsbewußten Um-
gang mit dem Unsichtbaren / Hans Kiefer ; Winfried Koelzer. – 3. Aufl., unter
Berücks. der neuen ICRP-Daten. – Berlin ; Heidelberg ; New York ; London ;
Paris ; Tokyo ; Hong Kong ; Barcelona ; Budapest : Springer, 1992
    ISBN-13:978-3-642-77549-9

NE: Koelzer, Winfried:

Gesamtherstellung: Appl, Wemding
51/3020 – 5 4 3 2 1 0 – Gedruckt auf säurefreiem Papier.

Vorwort zur dritten Auflage

Das nicht abflauende Interesse der Öffentlichkeit an Fragen über Strahlen und Strahlenschutz macht eine dritte Auflage dieses Buches notwendig. Zweckmäßig war eine Aktualisierung in einigen Teilen, da die Risikoüberlegungen, ein Schwerpunkt dieses Buches, in jüngster Zeit eine Neubewertung durch die Internationale Strahlenschutzkommission und andere internationale Fachgremien erfuhren. Der Grund dafür sind vor allem neue experimentelle und theoretische Erkenntnisse, die zeigen, daß die tatsächliche Strahlendosis in Hiroshima und Nagasaki niedriger war als in der Vergangenheit angenommen und daß jetzt die Ergebnisse der strahlenepidemiologischen Untersuchungen über die Krebssterbefälle der Überlebenden dieser Atombombenabwürfe vorliegen. Die neuen Risikobetrachtungen führen zu neuen Empfehlungen für Grenzwerte im Strahlenschutz, die wohl früher oder später in die Strahlenschutzregelungen der einzelnen Staaten aufgenommen werden.

Wenn der Leser bei seiner Meinungsbildung aus diesem Buch lernen konnte, ob er sich auf wissenschaftlich gesicherte Tatsachen, auf Extrapolationen oder sogar nur auf Spekulationen abstützen muß, sind wir Autoren zufrieden und hoffen, auch mit dieser dritten Auflage zur Verbreitung der Information und Versachlichung der Diskussion auf dem Gebiet des Strahlenschutzes beitragen zu können.

Karlsruhe, im März 1992

Hans Kiefer
Winfried Koelzer

Vorwort zur zweiten Auflage

Die Ereignisse um Tschernobyl haben gezeigt, wie dringend notwendig eine sachliche Information über die Strahlen- und Strahlenschutzproblematik ist. Überall waren von der Bevölkerung Meinungsträger und Meinungsbildner wie Lehrer und Ärzte gefordert, die die Frage, ob Tschernobyl für uns eine echte oder nur scheinbare Gefahr darstellt, auch quantitativ korrekt beantworten sollten. Das galt umso mehr, da durch widersprüchliche Aussagen in den Medien und von Politikern Verunsicherung und Mißtrauen gegenüber offiziellen Angaben aufkamen.

Das große Interesse an der ersten Auflage dieses Buches zeigte, daß der Leser besonderen Wert auf eine differenzierte Information zu diesem komplexen Thema legt, um sich selbst ein Urteil bilden zu können. Die Autoren hoffen, auch mit der zweiten Auflage den Wünschen und Bedürfnissen der Leser nachzukommen, insbesondere durch das neue Kapitel „Der Reaktorunfall in Tschernobyl und seine Auswirkungen in der Bundesrepublik Deutschland", ein Thema, das nicht nur in Fachkreisen noch viele Jahre Diskussionspunkt sein dürfte.

Karlsruhe, im März 1987

Hans Kiefer
Winfried Koelzer

Vorwort zur ersten Auflage

Was ist Strahlenschutz? Nüchtern betrachtet ist er auf der einen Seite nichts anderes als ein Teil des allgemeinen Arbeitsschutzes ähnlich dem Lärmschutz am Arbeitsplatz, auf der anderen Seite aber auch Teil des Umweltschutzes vergleichbar dem Schutz vor Emissionen schädlicher Substanzen mit Abwasser oder Fortluft aus beispielsweise Klär- oder Müllverbrennungsanlagen.

Unser Buch ist für alle die geschrieben, die wissen wollen, was hinter dem Begriff steckt. Wir haben uns bemüht, die Probleme so darzustellen, daß keine tieferen physikalischen und biologischen Vorkenntnisse zum Verständnis des Buches notwendig sind. Als Ergänzung sind aber im Anhang alphabetisch geordnet Erklärungen einschlägiger physikalischer und dosimetrischer Begriffe zusammengefaßt.

Zu Anfang des Jahrhunderts erzeugte die erfolgreiche Anwendung von Röntgenstrahlen eine begeisterte Zuwendung zu den Strahlen. Diese unkritische Begeisterung wurde bald durch Todesfälle beim Umgang mit Röntgenstrahlen überschattet, und sie schlug um in eine Furcht vor Strahlen nach dem Schrecken der Kernbombenexplosionen in Hiroshima und Nagasaki. Dank intensiver Strahlenschutzforschung können wir heute wissenschaftlich fundierte Anweisungen über den Umgang mit Strahlen geben. Es gibt kaum einen Bereich im Arbeits- und Umweltschutz, der so gut erforscht ist wie der Strahlenschutz.

Strahlenschutz im Hauptberuf betreiben nur wenige. Unseren Kollegen können wir mit diesem Buch höchstens einige Anregungen für Mitarbeiterbelehrungen bieten, die auch Teil des Strahlenschutzes sind. Aber etwa ein Prozent unserer Bevölkerung kommt beruflich mit ionisierender Strahlung in Berührung, muß also im eigenen Interesse einiges vom Strahlenschutz verstehen. Die ganze Bevölkerung ist in sehr unterschiedlichem Maße der natürlichen Strahlenexposition sowie bewußt zumindest bei Röntgendiagnosen einem erhöhten Strahlenpegel ausgesetzt und damit betroffen. Strahlenfurcht entsteht durch Veröffentlichung von Halbwahrheiten, indem Hypothesen als Fakten dargestellt werden, qualitativ richtige aber quantitativ falsche Aussagen behauptet werden oder Ja-Nein-Aussagen statt wahrscheinlichkeitsbezogener Extrapolationen erfolgen. Ein Ziel dieses Buches soll es deshalb sein, den Leser zum kritischen Leser in Strahlenschutzfragen zu machen.

Unser Dank gilt all denjenigen, die uns im Laufe unseres Strahlenschutzberufslebens – freiwillig oder unfreiwillig – zu den Erfahrungen verhalfen, die es uns ermöglichten, dieses Buch zu schreiben. Danken wollen wir aber auch den Mitarbeiterinnen und Mitarbeitern der Hauptabteilung Sicherheit des Kernforschungszentrums Karlsruhe, die uns bei der Erstellung des Manuskriptes, bei Tabellen und Abbildungen unterstützten sowie dem Springer-Verlag für die verständnisvolle Zusammenarbeit.

Karlsruhe, im April 1986

Hans Kiefer
Winfried Koelzer

Inhaltsverzeichnis

I. Die Erforschung der strahlenden Natur

1. Röntgen entdeckt die X-Strahlen

Mit dem akademischen Jahr 1894/95 ging auch das Rektorat des Professors für Physik an der Julius-Maximilian-Universität Würzburg, Wilhelm Conrad Röntgen, zu Ende. Er fand nun wieder Zeit, Experimente mit Kathodenstrahlen aufzunehmen. Ihre Natur war noch nicht bekannt, die spezifische Ladung des Elektrons noch nicht bestimmt.

Röntgen experimentierte allein. Er erzeugte die Kathodenstrahlen in verschiedenen Vakuumröhren, wobei ein Funkeninduktor nach Ruhmkorff als Ladungsquelle diente. Zum Strahlennachweis verwendete er einen Leuchtschirm oder Fotoplatten. Die innerhalb von etwa zwei Monaten gewonnenen Ergebnisse reichte Röntgen am 28. Dezember 1895 handschriftlich beim Sekretär der Physikalisch-Medizinischen Gesellschaft in Würzburg ein. Sie gingen sofort in Druck. Der Artikel begann mit der folgenden Beschreibung:

„Über eine neue Art von Strahlen (vorläufige Mittheilung)

1. Läßt man durch eine Hittorfsche Vakuumröhre oder einen genügend evakuierten Lenardschen, Crookesschen oder ähnlichen Apparat die Entladungen eines größeren Ruhmkorffs gehen und bedeckt die Röhre mit einem ziemlich eng anliegenden Mantel aus dünnem, schwarzem Karton, so sieht man in dem vollständig verdunkelten Zimmer einen in die Nähe des Apparates gebrachten, mit Bariumplatinzyanür angestrichenen Papierschirm bei jeder Entladung hell aufleuchten, fluoreszieren, gleichgültig ob die angestrichene oder die andere Seite des Schirmes dem Entladungsapparat zugewendet ist. Die Fluoreszenz ist noch in 2 m Entfernung vom Apparat bemerkbar ...
2. Das an dieser Erscheinung zunächst Auffallende ist, daß durch die schwarze Kartonhülse, welche keine sichtbaren oder ultravioletten Strahlen des Sonnen- oder des elektrischen Bogenlichtes durchläßt, ein Agens hindurchgeht, das imstande ist, leb-

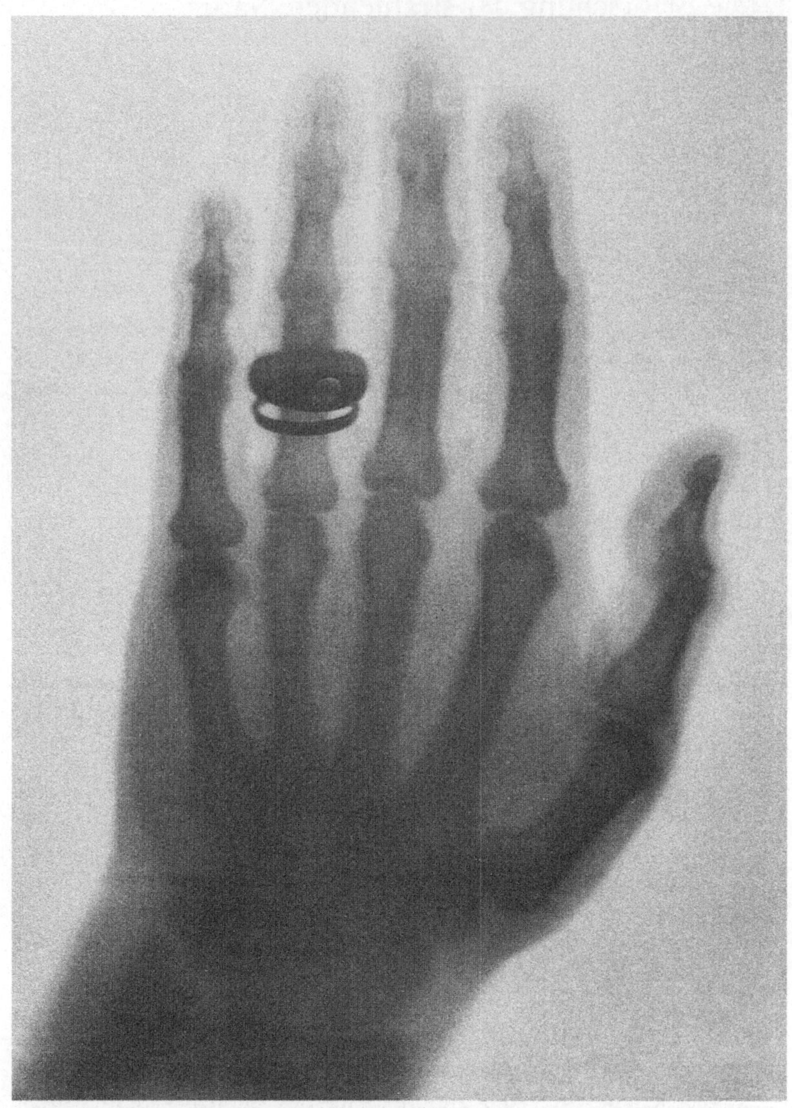

Abb. 1. Die Hand des Anatomen Geheimrath von Kölliker in Würzburg. Aufgenommen im Physikalischen Institut der Universität Würzburg am 23. Januar 1896 mit X-Strahlen von Professor Dr. W. C. Röntgen

hafte Fluoreszenz zu erzeugen, ... Man findet bald, daß alle Körper für dasselbe durchlässig sind, aber in sehr verschiedenem Grade ..."

Röntgen beschreibt dann die unterschiedliche Durchlässigkeit verschiedener Materialien wie Papier, Holz, einiger Metallfolien unterschiedlicher Dicke. Er sieht, daß außer seinem Leuchtschirm auch andere Stoffe wie Kalkspat, Steinsalz, Glas, aber auch Uranglas, zum Leuchten angeregt werden. Er stellt die Strahlenempfindlichkeit seiner fotografischen Trockenplatten fest, kann keine Ablenkung dieser „X-Strahlen" im Magnetfeld finden, auch keine Reflexion. Er erwähnt als Beweis der geradlinigen Ausbreitung dieser Strahlen „Schattenbilder, deren Erzeugung mitunter einen ganz besonderen Reiz bietet", so von Handknochen (Abb. 1), von einem in einem Kästchen eingeschlossenen Gewichtssatz und einem Metallstück, dessen Inhomogenität sichtbar wird. Nach Interferenzerscheinungen hat er „viel gesucht, aber leider, vielleicht nur infolge der geringen Intensität derselben, ohne Erfolg".

Einen Selbstversuch beschreibt er so:
„Die Retina des Auges ist für unsere Strahlen unempfindlich; das dicht an den Entladungsapparat herangebrachte Auge bemerkt nichts, wiewohl nach den gemachten Erfahrungen die im Auge enthaltenen Medien für die Strahlen durchlässig genug sein müssen".

Er schließt den Beitrag mit den Sätzen:
„Sollten nun die neuen Strahlen nicht longitudinalen Schwingungen im Äther zuzuschreiben sein? Ich muß bekennen, daß ich mich im Laufe der Untersuchung immer mehr mit diesem Gedanken vertraut gemacht habe und gestatte mir dann auch diese Vermutung hier auszusprechen, wiewohl ich mir sehr wohl bewußt bin, daß die gegebene Erklärung einer weiteren Begründung noch bedarf".

Die Entdeckung der Röntgenstrahlung war für die Entwicklung der modernen Physik von großer wissenschaftlicher Bedeutung; so wurde damit später etwa die Feinstrukturanalyse von Kristallen und der Materie überhaupt möglich. Daß es sich nicht um „eine neue Art von Strahlen" (also X-Strahlen), nicht um „longitudinale Schwingungen im Äther" handelte, zeigte von Laue, experimentell unterstützt von Friedrich und Knipping, durch Interferenzerscheinungen mit Röntgenstrahlen erst 17 Jahre später. Das Experiment bewies, daß es sich vielmehr um elektromagnetische Transversalwellen handelt, vergleichbar dem sichtbaren Licht, nur mit einer wesentlich kürzeren Wellenlänge.

Es war nicht die wissenschaftliche Bedeutung der Entdeckung der Röntgenstrahlen, die schon am 5. Januar 1896 die Wiener Presse unter der Überschrift „Eine sensationelle Entdeckung" berichten ließ. Vielmehr war es der alte Traum der Menschheit, Verborgenes sichtbar zu machen oder wie es in der „Frankfurter Zeitung" hieß, „es sei ein neuer Lichtträger gefunden, welcher die Beleuchtung hellen Sonnenscheins durch Bretterwände und die Weichteile eines tierischen Körpers trägt, als ob dieselben von kristallhellem Spiegelglase wären". Aber schon in den ersten Monaten wurde auf die Diagnosemöglichkeit von Knochenkrankheiten und Knochenverletzungen hingewiesen. Dies wurde von Militärärzten angesprochen, als Röntgen am 13. Januar 1896 seine Versuche in Berlin der kaiserlichen Familie im Kreise eines interessierten und sachkundigen Publikums vorführte.

Schnell wurden die beschriebenen Experimente in physikalischen Instituten auf der ganzen Welt wiederholt, denn sie stellten wegen des relativ geringen Aufwandes kein besonderes Problem dar. Die Mediziner fühlten sich aufgerufen, alle Möglichkeiten dieser neuen Diagnosemethode zu nutzen, obwohl mit den einfachen Kathodenstrahlröhren und Hochspannungserzeugern Belichtungszeiten zwischen zehn Minuten und einer Stunde notwendig waren. Allein im Jahre 1896, dem Jahr nach Röntgens erster Publikation, erschienen schon 1044 Mitteilungen und wissenschaftliche Arbeiten zur Röntgenstrahlung und ihrer Anwendung.

Dieses Interesse beschleunigte wieder die technische Entwicklung, aber erst seit 1905 kann man von einer Röntgenröhrentechnik reden, die Röhren ausreichender Energie und Intensität liefert.

2. Becquerel entdeckt die Uran-Strahlen

Eine andere, neue Strahlenart wurde etwa gleichzeitig, am 1. März 1896, von Antoine-Henri Becquerel entdeckt. Die Entdeckung der Radioaktivität war zwar zufällig in dem Sinne, daß nicht nach der Eigenschaft „Radioaktivität" gesucht wurde. Sie war aber doch das Ergebnis gezielter Untersuchungen über Fluoreszenz und Phosphoreszenz an Uranverbindungen.

Es war schon lange bekannt (Davy, 1822), daß Kathodenstrahlen, die in einer Entladungsröhre auf der gegenüberliegenden Glaswand auftreffen, das Glas zu grüner Fluoreszenz anregen. Als dann am 27.01. 1896 die Entdeckung Röntgens vor den Mitgliedern der Pariser Académie des Sciences vorgetragen wurde, zogen sowohl Henri Poincaré als auch A.-H. Becquerel in Erwägung, ob nicht ein direkter Zusammenhang zwischen der Fluoreszenz und den Röntgenstrahlen besteht. Becquerel, der wie sein Vater die Fluoreszenz- und Phosphoreszenz untersuchte, prüfte diese Vermutung, indem er auf lichtdicht verpackte Fotoplatten das im Sonnenlicht stark fluoreszierende Kaliumuranylsulfat aufbrachte. Er setzte die Versuchsanordnung der Sonne aus und fand erwartungsgemäß eine Schwärzung der Fotoschicht.

Am 26. Februar 1896 bereitete Becquerel einen neuen Versuch vor, der aber wegen des bedeckten Himmels am 26. und des nur kurzen Sonnenscheins am 27. nicht vollständig durchgeführt wurde. Die Fotoplatte mit Uransalz wurde zur späteren Versuchsfortführung in eine Schublade gelegt. Als am 1. März die Sonne wieder schien, wurden die Versuche fortgesetzt, vorher aber – um einwandfreie Versuchsbedingungen zu schaffen – die Fotoplatte gewechselt. Die Entwicklung zeigte nun trotz der Lagerung im Dunkeln eine Schwärzung der alten, nicht dem Sonnenlicht ausgesetzten Fotoplatte, die erstaunlicherweise sogar stärker war als bei vorangegangenen Versuchen mit Sonnenlicht. Die Abbildung 2 zeigt diese historische Platte mit den vom Uran erzeugten Schwärzungen und den heller gebliebenen Stellen, an denen ein Kupferkreuz die Strahlung absorbierte. Die Notizen sind die von Becquerel handschriftlich eingetra-

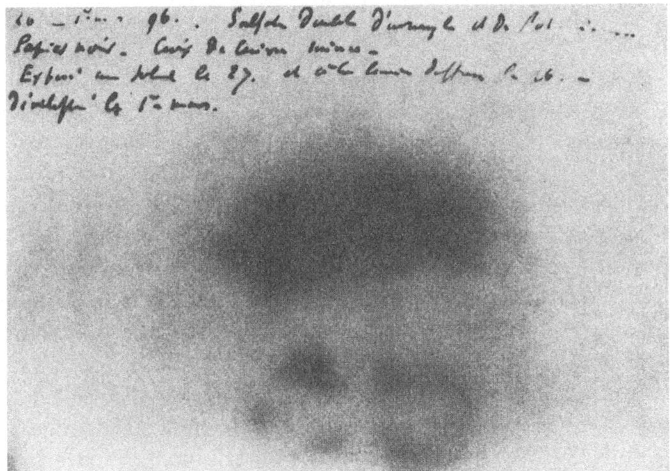

Abb. 2. Die fotografische Platte, die zur Entdeckung der Radioaktivität führte. (Die Notizen im oberen Teil sind die handschriftlichen Versuchsbedingungen von Becquerel: „26. février 96. Sulfate Double d'uranyl et de Potassium. Papier noir. Croix de Cuivre mince. – Exposé au soleil le 27. et à la lumière diffuse le 26. – Développé le 1er mars")

genen Versuchsbedingungen (26 février 96. Sulfate Double d'uranyl et de Potassium. Papier noir. Croix de Cuivre mince. – Exposé au soleil le 27. et à la lumière diffuse le 26. – Developpé le 1er mars.). Weitere Untersuchungen zeigten, daß die Schwärzung der Fotoplatten unabhängig davon war, ob phosphoreszierende oder nichtphosphoreszierende Verbindungen benutzt wurden, solange sie nur Uran enthielten. Becquerel vermutete, daß vom Uran eine eigene, bisher nicht bekannte Strahlung ausginge. Diese Strahlung wurde „Rayons uraniques" oder, ab 1898, „Rayons de Becquerel" genannt.

Becquerel konnte dann in den folgenden Wochen zeigen, daß es sich um „ionisierende Strahlen" handelt, – ein Begriff, den J.J.Thomson bei Versuchen mit Röntgenstrahlen verwendete. Er führte ähnlich wie Röntgen Absorptionsversuche mit festen Körpern durch und fand schließlich, daß auch metallisches Uran diese Strahlung aussendet.

Schon 1858 beschrieb der Neffe des Erfinders der Fotografie, C.F.A.Niepce de Saint-Victor, daß mit Uranylnitrat hergestellte Zeichnungen, die im Dunkeln auf mit Silberchlorid getränktes Papier gelegt wurden, sich darauf abbildeten. Eine Erklärung für diese Erscheinung hatte er nicht, einen Zusammenhang mit der Lumineszenz des Uranylnitrats hielt er jedoch für unwahrscheinlich. A.Ditte erklärte 1884 diese Versuche mit einer unsichtbaren Strahlung, die das Uranylsalz aussendet, und war damit schon recht nahe an Becquerels Entdeckungen.

Die jungen Wissenschaftler Pierre und Marie Curie waren von der Entdeckung Becquerels sehr beeindruckt. Im Sommer 1897 begann Marie Curie als Becquerels Doktorandin die Untersuchung der Ionisationswirkung der Uranstrahlen von verschiedenen Uranverbindungen und uranhaltigen Erzen. Sie setzte dazu ein von ihrem Mann und ihrem Schwager Jacques Curie entwickeltes piezoelektrisches Elektrometer ein. Schon nach einigen Wochen konnte sie zeigen, daß die Strahlungsintensität nur proportional der Uranmenge und unabhängig von der verwendeten Uranverbindung ist. Auch einen Einfluß von Licht und Temperatur konnte sie ausschließen.

Überraschend war dabei aber die Feststellung, daß selbst reines Uranmetall eine geringere Strahlenintensität zeigte als manche Uranerze (Abb.3, S.157), die einen geringeren Urangehalt hatten. Insbesondere die Pechblende aus Johanngeorgenstadt und Joachimsthal mit einem Urangehalt von 60 bis 90% Uranoxid (U_3O_8) zeigte eine sehr hohe Strahlungsintensität. Marie Curie schloß daraus, daß mindestens ein weiterer anderer strahlender Stoff in der Pechblende vorhanden sein müßte. Die Suche unter den bekannten Elementen führte im April 1898 zur Entdeckung der Strahlenemission des Thoriums – unabhängig von, aber eine Woche nach der Entdeckung durch C. Schmidt. Doch die Pechblende enthielt kein Thorium! Die Suche nach einem noch unbekannten, strahlenden Element, das in der Pechblende enthalten sein mußte, war im Sommer 1898 erfolgreich. Das Ehepaar Pierre und Marie Curie schlug den Namen Polonium vor, „du nom du pays d'origine de l'un de nous", wie es wörtlich in der Veröffentlichung über die Entdeckung heißt. Und am 26.12. 1898 folgte von ihnen die Mitteilung über die Entdeckung einer weiteren strahlenden, oder, wie sie zur Benennung vorschlugen, radioaktiven Substanz, des Radiums.

Diese Entdeckungen riefen großes Aufsehen in der wissenschaftlichen Welt hervor. Sie regten zahlreiche Forscher an, radioaktive Mineralien genauer chemisch zu analysieren. Im gleichen Jahr, 1898, entdeckte A. Debierne das Actinium, 1899 fanden Rutherford und Owens bei ihren Untersuchungen thoriumhaltiger Substanzen eine gasförmige radioaktive Substanz, die sie Thorium-Emanation nannten. Das beschleunigte die Suche nach immer neuen radioaktiven Stoffen und bereits 1903 waren über ein Dutzend bekannt. In einer umfassenden Arbeit stellte Rutherford sie in – zum Teil spekulativen – Zerfallsreihen zusammen (Abb. 4).

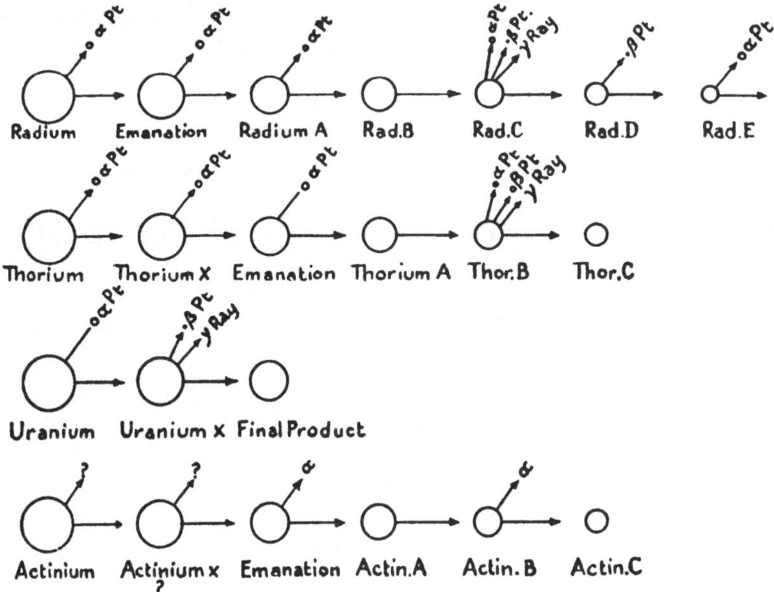

Abb. 4. Zerfallsreihen natürlich radioaktiver Stoffe nach E. Rutherford, 1904

Während die Chemiker nach neuen Elementen suchten, waren die Physiker daran interessiert, das Wesen dieser „Uran-Strahlen" zu ergründen. Man erkannte sehr bald, daß die „Uran- oder Becquerel-Strahlen", wie man sie inzwischen nannte, keine einheitlichen Strahlen sein konnten. Pierre Curie zeigte 1900, daß die Strahlen, die Polonium aussendet, nur einige Zentimeter Reichweite hatten, während Radiumquellen in wesentlich größeren Abständen noch ein Elektrometer entladen. Rutherford stellte bei der Radiumstrahlung eine komplexe Abhängigkeit des Durchdringungsvermögens von der Dichte und der Ordnungszahl des durchstrahlten Materials fest.

Eine weitere Aufklärung brachten dann die Ablenkversuche der Strahlung im Magnetfeld, die Becquerel mit Fotoplatten und besonders Rutherford mit Elektrometern als Nachweisgerät durchführte. Die gefundene Vielzahl von im Magnetfeld leicht und weniger leicht ablenkbaren Strahlen, von Strahlen geringer oder großer Durchdringungsfähigkeit mußte irgendwie geordnet werden. Meyer und von Schweidler schreiben in ihrem Buch „Radioaktivität" 1916 dazu:

„In diese verwirrende Menge von Einzelergebnissen brachte 1902 eine fundamentale Arbeit E. Rutherfords Ordnung. Er deutete alle diese Strahlungserscheinungen in folgender Weise:
Es gibt:

α) Strahlen, gebildet aus positiv geladenen rasch fliegenden materiellen Partikeln der Größe des Heliumatomes, die wenig ablenkbar sind im magnetischen bzw. elektrischen Felde und zwar im Sinne der „Kanalstrahlen".

β) Strahlen, gebildet aus elektrisch negativen Korpuskeln (Elektronen), die relativ stark ablenkbar sind, je härter (je weniger absorbierbar), desto weniger, die in voller Analogie stehen zu den „Kathodenstrahlen".

γ) Strahlen, die sich als unablenkbar erweisen und keine Ladungen tragen.

Die Bezeichnung als α-, β-, γ-Strahlen ist erhalten geblieben."

Eine schöne Geschichte für die Namensgebung der ionisierenden Strahlen. Aber so nicht ganz richtig. Denn schon am 1. September 1898 – also vier Jahre früher – schreibt Rutherford – veröffentlicht im Philosophical Magazine, Januar 1899 –:

„These experiments show that the uranium radiation is complex, and that there are present at least two distinct types of radiation – one that is very readily absorbed, which will be termed for convenience the α-radiation, and the other of a more penetrative character, which will be termed the β-radiation."

Daß Alphastrahlen tatsächlich Heliumkerne sind, bewiesen 1909

Tabelle 1. Zeittafel der Entdeckung natürlicher Radionuklide

Jahr	Entdecker	Historischer Name	Heutige Bezeichnung
1896	Becquerel	Uran	
1898	Schmidt	Thorium	
	Curie	Polonium	Po-210
		Radium	Ra-226
	Debierne	Actinium	Ac-227
1899	Rutherford/Owens	Emanation (Thoron)	Rn-220
1900	Dorn	Emanation (Radon)	Rn-222
1902	Rutherford/Soddy	Thorium X	Ra-224
1903	Giesel	Emanation (Actinon)	Rn-219
1904	Rutherford	Radium A	Po-218
		Radium B	Pb-214
		Radium C	Bi-214
		Thorium B	Pb-212
		Thorium C	Bi-212
	Debierne	Actinium B	Pb-211
	Brooks/Rutherford	Actinium C	Bi-211
	Giesel	Actinium X	Ra-223
1905	Bragg/Kleeman	Radium A	Po-218
	Hahn	Radiothor	Th-228
	Rutherford	Radium E	Bi-210
1906	Boltwood	Ionium	Th-230
	Hahn	Thorium C'	Po-212
		Radium D	Pb-210
		Radioactinium	Th-227
	Campbell/Wood	Kalium	K-40
		Rubidium	Rb-87
1907	Hahn	Mesothor I	Ra-228
		Mesothor II	Ac-228
1908	Hahn/Meitner	Actinium C''	Tl-207
1909	Hahn/Meitner	Radium C'	Po-214
		Radium C''	Tl-210
		Thorium C''	Tl-208
1910	Geiger/Rutherford	Uran I	U-238
		Uran II	U-234
	Geiger/Marsden	Thorium A	Po-216
		Actinium A	Po-215
1911	Antonoff	Uran Y	Th-231
1913	Fajans/Göhring	Uran X_1	Th-234
		Uran X_2	Pa-234
	Marsden/Wilson	Actinium C'	Po-211
1918	Hahn/Meitner	Protactinium	Pa-231
1921	Hahn	Uran Z	Pa-234

Rutherford und Royds direkt mit Hilfe der Spektralanalyse. Sie konnten Helium in einem vorher evakuierten Gasraum nachweisen, in den Alphastrahlung eingedrungen war.

Die Energie der Betastrahlung ist kontinuierlich von Null bis zu einer für ein Radionuklid typischen Maximalenergie verteilt. Die Frage nach der Gültigkeit des Energieerhaltungssatzes beim Beta-Zerfall bereitete Kopfzerbrechen. Pauli stellte 1933 die Hypothese auf, daß mit jedem Beta-Teilchen ein weiteres Teilchen (Antineutrino mit einer Reichweite von rund 10^4 Lichtjahren in kompakter Materie) ausgesendet wird, das die Differenzenergie zwischen der Energie des jeweiligen Beta-Teilchens und der maximal möglichen Beta-Energie aufnimmt. Daß Gammastrahlen weder im elektrischen noch im magnetischen Feld abgelenkt werden, führte schon früh zu der Vermutung, daß Gammastrahlen und Röntgenstrahlen ihrer Natur nach identisch sind. Eine Bestätigung dafür fand A. S. Eve (1904), als er das Ionisierungsvermögen von energiereicher Röntgenstrahlung einerseits und Gammastrahlung andererseits in verschiedenen Gasen experimentell verglich und nahezu identische Werte für gleiche Gase fand.

Bis 1913 war die Anzahl der bekannten „Radioelemente" auf rund 40 angestiegen (Tabelle 1), und es bestand das Problem, sie auf die nur sieben freien Elementplätze des Periodensystems zwischen Bismut, Thorium und Uran einzuordnen. Soddy löste diese Schwierigkeiten durch die Übertragung des von ihm 1909 eingeführten Isotopenbegriffs auf diese „Radioelemente".

3. Die Entdeckung der künstlichen Radioaktivität

Schon 1902 hatten Rutherford und Soddy herausgefunden, daß mit Radioaktivität ein Umwandlungsprozeß verbunden war, bei dem sich die chemischen Eigenschaften des betreffenden Atoms veränderten. Dieser Umwandlungsprozeß konnte nach ihren Feststellungen nicht aufgehalten oder sonst irgendwie durch Eingriffe von außen beeinflußt werden. Radioaktivität und die damit verbundene Elementumwandlung – der Traum der Alchimisten seit Jahrhunderten – war ein nur der Natur überlassener Vorgang, der dem Menschen als eigene Aktion verwehrt blieb.

1919 gelang Rutherford zum ersten Mal eine auf künstlichem Weg beruhende Elementumwandlung. Er arbeitete zu der Zeit an Fragen zur Struktur der Atomkerne. Bei seinen Streuversuchen mit Alpha-Teilchen fand er die schon 1915 von Marsden beobachteten Strahlen

10

größerer Reichweite. Er stellte fest, daß diese Strahlen nur bei Anwesenheit von Stickstoff auftraten und er schloß auf eine Reaktion zwischen Alpha-Teilchen und Stickstoff-Atomkernen, die Sauerstoff-Atomkerne und Wasserstoff-Atomkerne erzeugte. Nach der in der Kernphysik heute gebräuchlichen Schreibweise hatte er die Reaktion N-14 (α, p) 0-17 beobachtet. Das dabei entstehende Produkt Sauerstoff-17 ist stabil. Die Strahlung großer Reichweite wurde als Protonenstrahlung identifiziert.

Die Entdeckung der künstlichen Radioaktivität gelang 1934 Irène Joliot-Curie und Frédéric Joliot. Sie stellten fest, daß beim Beschuß von Aluminium mit Alphastrahlen Phosphor entstand, der sich unter Aussendung von Positronenstrahlung mit einer Halbwertszeit von 2,5 min in stabiles Silizium umwandelte. Als Reaktionsgleichung geschrieben:

$$\text{Al-27 } (\alpha, n) \text{ P-30} \xrightarrow[\text{2,5 min}]{e^+} \text{Si-30}$$

In den folgenden Jahren wurden von vielen Forschergruppen – Fermi in Italien, Joliot/Curie in Frankreich, Hahn/Meitner/Straßmann in Deutschland – insbesondere durch Beschuß mit Neutronen viele künstliche Nuklide hergestellt. Schwierigkeiten bereitete dabei die Interpretation der beim Beschuß von Uran mit Neutronen gefundenen radioaktiven Produkte. Diese konnten, der kernphysikalischen Kenntnis jener Zeit folgend, nur aus dem Uran durch Neutronenanlagerung und nachfolgendem Beta-Zerfall entstehen. Sie mußten also Transurane sein. An eine Kernspaltung und das Entstehen von Spaltprodukten mit mittleren Ordnungszahlen dachte niemand.

Oder fast niemand. Ida Noddack schrieb im September 1934 in ihrer Kritik an einer Veröffentlichung von E. Fermi, in der er die mögliche Erzeugung von Elementen mit Ordnungszahlen größer als 92 – also jenseits des Urans (= Transurane) – beschreibt: „Es wäre denkbar, daß bei der Beschießung schwerer Kerne mit Neutronen diese Kerne in mehrere größere Bruchstücke zerfallen, die zwar Isotope bekannter Elemente, aber nicht Nachbarn der bestrahlten Elemente sind". Offensichtlich wurde aber dieser Hinweis nicht weiter beachtet, denn alle Versuche zur Strukturierung der vielfältigen, bei der Neutronenbestrahlung von Uran beobachteten neuen radioaktiven Stoffe führten zu den Transuranen. Man ging davon aus, daß Uran-238 ein Neutron einfängt und dabei das Uranisotop U-239 entsteht, das sich unter Emission eines Beta-Teilchens in ein Isotop des Elementes 93, ein Transuran, umwandelt.

In der am 22. Dezember 1938 fertiggestellten und am 6. Januar 1939 in der Zeitschrift „Die Naturwissenschaften" veröffentlichten Arbeit schreiben Hahn und Straßmann über ihre Versuche:

„Nun aber müssen wir auf einige neuere Untersuchungen zu sprechen kommen, die wir der seltsamen Ergebnisse wegen nur zögernd veröffentlichen ... Wir kommen zu dem Schluß: Unsere „Radiumisotope" haben die Eigenschaften des Bariums ... Als der Physik in gewisser Weise nahestehende „Kernchemiker" können wir uns zu diesem, allen bisherigen Erfahrungen der Kernphysik widersprechenden Sprung noch nicht entschließen".

Wenige Wochen später (veröffentlicht am 10. 2. 1939) schreiben Hahn und Straßmann: „Die Entstehung von Bariumisotopen aus Uran wurde endgültig bewiesen". Und von Lise Meitner und O. R. Frisch wurde aufgrund der ersten Hahnschen Veröffentlichung bereits am 16. Januar 1939 die Möglichkeit der Kernspaltung von Uran festgestellt und auf die Tatsache hingewiesen, daß dabei große Energiemengen freigesetzt werden.

Führte die Suche nach neuen Elementen im Periodensystem jenseits des Urans in den 30er Jahren schließlich zur Entdeckung der Kernspaltung des Urans, so folgte aus den Versuchen zum besseren Verständnis der Kernspaltung die Entdeckung des ersten Transuran-Elements. McMillan und Abelson bestrahlten 1939 Ammoniumdiuranat mit Neutronen aus dem 60-Zoll-Zyklotron der Universität von Kalifornien in Berkeley. Dabei fanden sie ein radioaktives Produkt mit einer Halbwertszeit von 2,3 Tagen, das nicht das für Spaltprodukte übliche Rückstoßverhalten zeigte. Im Frühjahr 1940 konnten sie durch radiochemische Analyse zeigen, daß es sich mit Sicherheit um ein Isotop des Elementes 93 handelte, das durch Beta-Zerfall aus dem unter Neutronenbestrahlung entstandenen U-239 hervorgeht.

Plutonium – das 94. Element im Periodensystem – wurde 1940 von den amerikanischen Forschern Seaborg, McMillan, Wahl und Kennedy als zweites Transuran-Element in der Form des Isotops Plutonium-238 beim Beschuß von Uran-238 mit Deuteronen entdeckt. Von besonderer Bedeutung ist heute das spaltbare Isotop Pu-239.

Die auf das 92. Element im Periodensystem – das Uran – folgenden Elemente 93 und 94 erhielten Planetennamen, analog dem nach dem Planeten Uranus benannten Uran. Ihre Namen „Neptunium" und „Plutonium" sind von den auf Uranus folgenden Planeten Neptun und Pluto abgeleitet.

Am 18. August 1942 hatten B. B. Cunningham und L. B. Werner am Metallurgischen Laboratorium der Universität von Chicago etwa

1 µg des künstlichen Elementes Plutonium in der chemischen Form von Plutoniumfluorid rein hergestellt. Dazu waren 5 Kilogramm Uranylnitrat mit Neutronen bestrahlt worden, die mit einer (d,n)-Reaktion an Beryllium aus den hochbeschleunigten Deuteronen des 60-Zoll-Zyklotrons in Berkeley erzeugt wurden.

Im April des Jahres 1942 berichteten Seaborg und Perlman über die Entdeckung extrem geringer natürlicher Vorkommen von Pu-239 in Pechblende aus dem Gebiet des Großen Bärensees in Kanada. Aufgrund seiner Halbwertszeit von etwa 24 100 Jahren kann Pu-239 kein primordiales Nuklid sein, es entsteht vielmehr ständig durch Neutroneneinfang aus U-238 neu. Die Neutronen für diese Kernreaktion stammen dabei überwiegend aus der Spontanspaltung des Urans. 1952 wurde – ebenfalls in Pechblende – das über einen (n,2n)-Prozeß und nachfolgenden Betazerfall aus Uran-238 entstehende Np-237 als natürliches Isotop des Elementes Neptunium gefunden. Die Konzentrationen dieses natürlichen Neptuniums und Plutoniums sind so extrem klein, daß in diesen Erzen etwa ein Atom Neptunium oder Plutonium auf 1 Billion Atome Uran kommt.

Rund 170 radioaktive Transuran-Isotope der Elemente bis zur Ordnungszahl 109 sind heute bekannt. Insgesamt über 2500 Radionuklide mit Halbwertszeiten von über einer Quadrillion (10^{24}) Jahren bis herab zu einigen Nanosekunden (10^{-9}) wurden bisher experimentell nachgewiesen.

II. Der Nachweis ionisierender Strahlung –
Das Spinthariskop, der Geiger-Zähler,
der Phoswich-Detektor

1. Was müssen wir messen?

Der Mensch besitzt kein Organ, das auf Strahlung anspricht – sieht man einmal vom Auge und der Haut ab, die jeweils für einen kleinen Ausschnitt aus dem Spektrum elektromagnetischer Wellen empfänglich sind. Für die Röntgen-, Alpha-, Beta- und Gammastrahlen muß er sich daher Meßapparaturen konstruieren. Ihre Erfindung bzw. Weiterentwicklung hat z. B. auch die Erforschung der Radioaktivität beeinflußt. Erst die radiochemischen Analyseverfahren haben die Entdeckung unvorstellbar geringer Mengen der Radioisotope möglich gemacht.

Nur unter dem Einfluß sehr hoher Strahlungsintensitäten kann ein Mensch Strahlung als Lichterscheinung im Auge oder als Wärme auf der Haut empfinden.

Vier unterschiedliche physikalische Meßaufgaben werden beim Nachweis ionisierender Strahlung unterschieden:

- Die Bestimmung der Intensität einer Strahlenquelle, wobei meist Teilchen oder Quanten gezählt werden. Dazu gehört auch die Messung der Aktivität einer Substanz, also der bei den Kernzerfällen emittierten Alpha- oder Beta-Teilchen, Gamma- und Röntgenquanten.
- Die Dosisbestimmung, d. h. die Messung der durch die Wechselwirkung der Strahlung mit Materie an sie übertragene Energie oder in ihr erzeugte Ionisation.
- Die Energiebestimmung der einzelnen Teilchen oder Quanten. Aus der Strahlenenergie der Gammaquanten kann festgestellt werden, welches Radionuklid als Strahlenquelle in Frage kommt. Diese Aussage ist wiederum für den Strahlenschutz von besonderer Bedeutung, da sich bei gleicher Intensität die Strahlengefährlichkeit von Radionukliden im Bereich von 1 zu einer Milliarde unterscheiden kann.
- Das Sichtbarmachen des Weges von Teilchen in Materie mit der Nebelkammer, die heute fast nur noch Demonstrationszwecken

dient, mit Blasenkammern und Funkenkammern, den wesentlichen Meßinstrumenten der Hochenergiephysik.

Es ist heute allgemein bekannt, daß die Wechselwirkung von Strahlung – und dazu gehört auch das sichtbare Licht – mit lebenden Organismen einen ungünstigen Einfluß auf deren Gesundheit haben kann. Es gilt daher, eine gefährliche Exposition zu vermeiden. Im engeren Sinne ist das besonders wichtig für Personen, die aus beruflichen Gründen mit Strahlung umgehen.

Aus der Sicht des Strahlenschutzes lassen sich die Meßaufgaben in präventive Messungen und Kontrollmessungen einteilen. Zum Schutz vor äußerer Strahleneinwirkung und zur Festlegung von Schutzmaßnahmen werden Ortsdosismessungen durchgeführt, die auch die Arbeiten im Strahlungsfeld begleiten. Als Kontrolle dient die Personendosimetrie, mit deren Hilfe im nachhinein überprüft werden kann, welcher Strahlenexposition jemand während seiner Tätigkeit ausgesetzt war.

Sind freie Radionuklide vorhanden, so werden präventiv die Radioaktivität der Luft und von Oberflächen, zum Schutz der Bevölkerung auch Trinkwasser und Lebensmittel überwacht. Die Wirksamkeit der Strahlenschutzmaßnahmen läßt sich durch Messung der vom menschlichen Körper aufgenommenen Radionuklide kontrollieren, sei es direkt im Ganzkörperzähler oder indirekt durch die Messung der Ausscheidungen.

2. Die Einheiten im Strahlenschutz

Messen ist der Übergang von qualitativen zu quantitativen Aussagen, also von der Feststellung „da ist Strahlung" zur Aussage, welche Art und wieviel Strahlung vorhanden ist. Um quantitative Aussagen machen und vergleichen zu können, muß man sich bestimmter, allgemein anerkannter Einheiten bedienen. Die Geschichte der Einheiten im Strahlenschutz könnte ein Buch reich an Kuriositäten füllen. Hier sollen nur die Einheiten erläutert werden, die zum Verständnis der folgenden Kapitel notwendig sind:
– Die Aktivität einer radioaktiven Substanz wird in einer Größe angegeben, die die Zahl der je Sekunde zerfallenden Atomkerne angibt. Die Einheit der Aktivität im internationalen Einheitensystem ist seit der 15. Generalkonferenz für Maße und Gewichte (1975) das „Becquerel" mit dem Einheitenzeichen Bq. Ein Becquerel ist gleich einem Kernzerfall pro Sekunde.

$$1\,\mathrm{Bq} = 1\,\frac{\mathrm{Zerfall}}{\mathrm{Sekunde}} = 1\mathrm{s}^{-1}$$

Die bisher gebräuchliche und bis Ende 1985 amtlich noch zugelassene Einheit der Aktivität ist das Curie mit dem Zeichen Ci.

$$1\,\mathrm{Ci} = 3{,}7 \cdot 10^{10}\,\mathrm{Bq}$$

1 Ci ist angenähert gleich der Aktivität von 1 g Radium-226. Nach neuesten Messungen hat 1 g Radium-226 jedoch nur eine Aktivität von 0,989 Ci.

– Die Energiedosis ist die gesamte absorbierte Strahlungsenergie pro Masseneinheit. Die Einheit der Energiedosis ist Joule pro Kilogramm (Einheitenzeichen J/kg). Ein Joule pro Kilogramm ist gleich der Energiedosis, die bei der Übertragung der Energie 1 J auf Materie der Masse 1 kg durch ionisierende Strahlung räumlich konstanter Energieflußdichte entsteht. Der besondere Einheitenname für die Energiedosis ist das „Gray" mit dem Einheitenzeichen Gy.

$$1\,\mathrm{Gy} = 1\,\mathrm{J/kg}$$

Diese Einheit ist nach Louis Harold Gray (1905–1965) benannt, der wesentliche Beiträge zur Dosimetrie ionisierender Strahlung geleistet hat.

Der bisher gebräuchliche und bis Ende 1985 amtlich zugelassene Einheitenname ist das „Rad" (Einheitenzeichen rd).

$$1\,\mathrm{Gy} = 100\,\mathrm{rd}$$

$$1\,\mathrm{rd} = 1/100\,\mathrm{J/kg} = 1/100\,\mathrm{Gy}$$

– Die Äquivalentdosis ist das Produkt aus Energiedosis und Bewertungsfaktor, der seinerseits das Produkt aus dem Qualitätsfaktor und anderen modifizierenden Faktoren ist. Der Wert des Qualitätsfaktors hängt vom linearen Energieübertragungsvermögen der jeweiligen Strahlenart ab. Der Wert der anderen modifizierenden Faktoren wird dadurch bestimmt, ob es sich um eine äußere oder innere Exposition handelt. Der Ausdruck Äquivalentdosis wird nur im Strahlenschutz von Personen verwendet. Die Einheit für die Äquivalentdosis ist ebenfalls das Joule pro Kilogramm. Der besondere Einheitenname für die Äquivalentdosis ist das „Sievert" mit dem Einheitenzeichen Sv.

Der Schwede Rolf M. Sievert (1896–1966) war Mitglied der Internationalen Strahlenschutzkommission von der Gründung 1928 bis

1964 und ihr Vorsitzender von 1956 bis 1962. Sievert war einer der Pioniere des Strahlenschutzes in der Medizin.

Der bisher gebräuchliche und bis Ende 1985 amtlich zulässige Einheitenname ist das Rem (Einheitenzeichen rem).

$$1 \text{ Sv} = 100 \text{ rem}$$
$$1 \text{ rem} = 1/100 \text{ Sv}$$

Der Qualitätsfaktor ist für Röntgen-, Gamma- und Betastrahlung gleich 1 und kann bei dicht ionisierenden Strahlen wie Alphastrahlen den Wert 20 annehmen. Die Internationale Strahlenschutzkommission hat 1990 anstelle des Qualitätsfaktors den Begriff Strahlenwichtungsfaktor eingeführt.

3. Die Messung der Strahlenintensität

Eine Strahlenquelle entsendet ihre Strahlung mit einer bestimmten Intensität, die von der Aktivität (= Anzahl Zerfälle pro Zeiteinheit) abhängt. Man muß also Geräte entwickeln, deren Anzeige kalibrierbar ist, d. h. nach Möglichkeit linear von der Anzahl der Zerfälle abhängt. Die frühen Meßanordnungen wurden bis heute weiterentwikkelt, um den modernen Meßanforderungen gerecht zu werden.

3.1 Die Gasionisationsdetektoren: Das Geiger-Rohr und seine Abwandlungen

Schon 1908 publizierten Rutherford und Geiger erfolgreiche Intensitätsmessungen von Alphastrahlenquellen. Sie verwendeten ein Rohr von 20 cm Länge, 2 cm Durchmesser mit einer stabförmigen Elektrode in der Zylinderachse. Das Rohr war mit Luft unter vermindertem Druck (20 bis 50 mmHg) gefüllt, die Spannung zwischen Elektrode und Rohrwand betrug 1300 V. Wurde die Elektrode mit einem Quadrantenelektrometer verbunden, genügte ein einzelnes Alpha-Teilchen zur Ionisation der Luft im Rohr, um einen zählbaren Ausschlag hervorzurufen. Diese Meßanordnung ist als Frühform der heutigen Zählrohre anzusehen. Sie arbeitete schon mit dem Prinzip der Gasverstärkung.

Der Spitzenzähler brachte einen wesentlichen Fortschritt in der Zähltechnik, da er neben Alpha- auch Beta-Teilchen einzeln registrieren konnte. Er wurde 1913 von Geiger beschrieben. Dieser Detektor besteht aus einer mit Luft unter Normaldruck gefüllten Kammer, deren positiv geladene Innenelektrode eine feine Spitze oder ein auf dem Ende eines Drahtes sitzendes Kügelchen von 0,1 bis 0,2 mm Durchmesser ist. Im stark inhomogenen Feld um die Elektrodenspitze ist die Feldstärke so hoch, daß von der Strahlung primär erzeugte Ionen eine Ionenlawine erzeugen können – man nennt das Gasverstärkung. In Geigers ursprünglicher Meßanordnung wurde die Ladung über einen Widerstand mit einem Saitenelektrometer registriert.

Auch bei der Entwicklung des Auslösezählrohres durch Geiger und seinen damaligen Doktoranden Müller im Jahre 1928 (Geiger-Müller-Zählrohr) wurde das Prinzip der Gasverstärkung im hohen inhomogenen elektrischen Feld ausgenützt. Technisch war das Gerät als dünnwandiges Rohr (Kathode) mit einem in der Achse gespannten, sehr dünnen „Zähldraht" als Anode ausgeführt. Argon bei Unterdruck wurde als Füllgas verwendet. Das elektrische Feld unmittelbar um den Draht kann Feldstärken von einigen $10\,000$ V/cm erreichen, die Gasverstärkung hat den Faktor 10^8, d.h. bei einem primär durch die Strahlung erzeugten Ionenpaar erreichen 10^8 Elektronen den Zähldraht. Da sich über Sekundäreffekte die Elektronenlawine im ganzen Auslösezählrohr ausbreitet, hängt die Ladungsmenge am Zähldraht nur von der angelegten Betriebsspannung und der Konstruktion des Zählrohrs ab, nicht aber von der primär durch das gezählte Teilchen erzeugten Ionenzahl. Die relativ hohe Ladungsmenge am Zähldraht läßt sich elektronisch einfach verstärken, und man kann Registriergeräte damit betreiben. Schwierigkeiten bereiteten viele Jahre die weiteren Entladungen, die durch Sekundäreffekte nach einer von Strahlung ausgelösten Entladung entstehen („nicht selbst löschendes Zählrohr"). Sie mußten mit elektronischen Mitteln (z.B. sehr hoher Arbeitswiderstand, Multivibratorschaltung) unterdrückt werden. Dadurch wurde das Zählrohr relativ langsam, es konnte also nicht allzu viele Teilchen pro Minute ohne Verlust registrieren. Eine Verbesserung brachten geringe Zusätze von mehratomigen, organischen Lösungsmitteldämpfen wie Alkohol (Trost, 1935) oder auch Halogenen (Haxel) zum Zählgas. Diese Zusätze unterdrücken sekundäre Entladungen. Man spricht von „selbstlöschenden Zählrohren", die den heutigen Stand der Technik darstellen (Abb. 5).

Der kleine elektronische Aufwand zur Verstärkung ist Vorteil des Geiger-Müller-Zählrohres. Er ist beim heutigen Stand der Elektronik nur noch von untergeordneter Bedeutung. Man kann deshalb auf die hohe Gasverstärkung verzichten. Bei Zählrohren mit einer Gasverstärkung von nur 10^3 bis 10^6, also mindestens hundertmal kleiner

Abb. 5. Geiger-Müller-Zählrohre, links mit dünner Frontfolie („Endfenster"-Zähl-rohr) zur Messung von Alpha- und niederenergetischer Beta-Strahlung, rechts Zähl-rohr mit großer Querschnittsfläche (u. a. zur Umgebungsüberwachung geeignet), in der Mitte ein gleiches Zählrohr wie rechts, aufgeschnitten, zur Darstellung des axial eingespannten Zähldrahtes

als beim Auslösezählrohr, breitet sich die Elektronenlawine nicht im ganzen Zählraum aus, sondern sie bleibt lokal begrenzt. Die Ladungsmenge am Zähldraht ist proportional zu der durch das ionisierende Teilchen primär im Zählgas erzeugten Ladung, sekundäre Störeffekte treten wenig auf. Derartige, heute meist mit Methan oder Argonmethan als Zählgas betriebene Zählrohre nennt man Proportionalzählrohre (nach 1940). Mit ihnen lassen sich bei unterschiedlicher primär abgegebener Energie die Strahlenarten Alpha- und Beta-Teilchen trennen. Noch eleganter ist die Trennung, wenn aufgrund der unterschiedlichen Ionisationsdichte beider Strahlenarten der Ladungsanstieg in den ersten 10 Nanosekunden gemessen wird, um beide Strahlenarten gleichzeitig und getrennt zu erfassen (Abb. 6). Während beim Geiger-Müller-Zählrohr bereits oberhalb von zehntausend registrierten Impulsen pro Minute deutliche Zählverluste auftreten, kann ein Proportionalzählrohr auch noch ca. eine Million

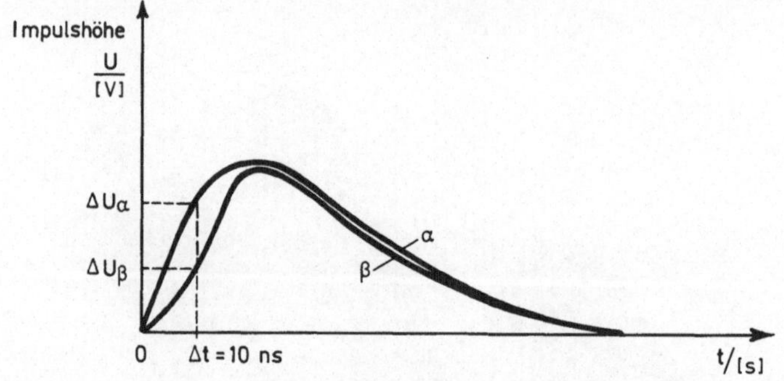

Abb. 6. Getrennter Nachweis von Alpha- und Beta-Strahlung im Proportionalzählrohr über den unterschiedlich steilen Impulsanstieg

Impulse pro Minute ohne wesentlichen Zählverlust erfassen. Ein besonderes Problem des Strahlenschutzes, auf Flächen verteilte geringe Mengen radioaktiver Substanzen zu messen, z. B. Luftfilter, Rückstände eingedampften Wassers, kontaminierte Schuhe und Arbeitskleidung, wird heute mit Großflächen-Proportionalzählrohren gelöst. Das sind flache Kästen unterschiedlicher Dimension, in denen die Zähldrähte wie bei einer Harfe gespannt sind. Da das Zählgas Atmosphärendruck hat, können solche Detektoren mit sehr dünnen Folien von einigen Mikrometern Dicke abgeschlossen werden. Damit wird auch noch Strahlung sehr geringer Durchdringungsfähigkeit erfaßt.

3.2 Die Szintillationsdetektoren

1903 beobachteten Elster und Geitel, daß Alphastrahlung Zinksulfid zum Leuchten anregt und dieses Leuchten bei Beobachtung unter einer Lupe aus einzelnen Lichtblitzen zusammengesetzt ist. Crookes brachte fast gleichzeitig ein kleines Gerät zu Demonstrationszwekken in den Handel, das Spinthariskop. Es besteht aus einem Rohr mit Lupe, die auf einen mit einer Alphastrahlenquelle bestrahlten Zinksulfidschirm als Szintillator blickt und womit das statistisch verteilte Auftreffen von Alpha-Teilchen eindrucksvoll vorgeführt werden kann. Dieser Effekt läßt sich auch an Leuchtziffern alter Uhren zeigen, da deren Leuchtfarbe aus einem Gemisch von Zinksulfid und dem Alphastrahler Radium besteht. Bei neueren Uhren ist der Leuchtfarbe Tritium oder Promethium-147 beigemischt, niederenergetische Betastrahler, bei denen die abgegebene Energie eines einzel-

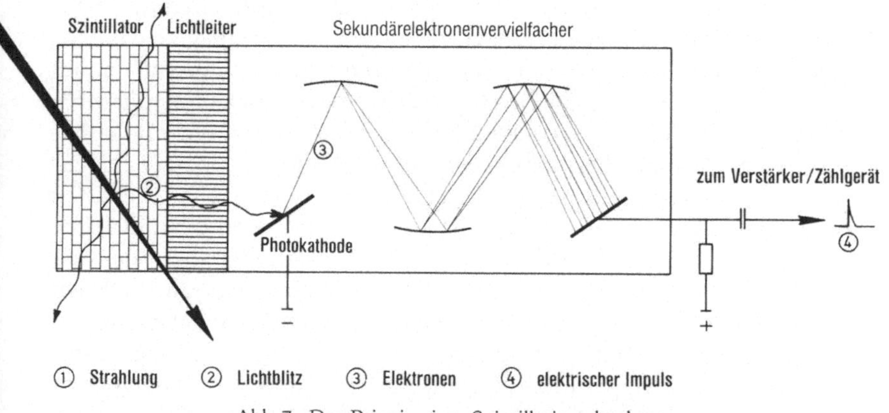

Abb. 7. Das Prinzip eines Szintillationsdetektors

nen Beta-Teilchens nicht genügt, um einen mit der Lupe sichtbaren Lichtblitz zu erzeugen. Die gleiche Leuchtdichte der Leuchtfarben wie mit Radium wird dadurch erreicht, daß etwa tausendmal soviel radioaktives Tritium oder Promethium zugesetzt wird. Seit 1908 wurden auch dünngeschliffene Diamanten als Szintillatoren eingesetzt, weil sich zeigte, daß sie auch bei Betastrahlung empfindlicher mit Lichtblitzen reagieren. Bis zur Entwicklung des Geiger-Müller-Zählrohres war es üblich, die Intensität einer Strahlenquelle dadurch zu messen, daß man die von ihr in bekanntem Abstand in einem Szintillator erzeugten Lichtblitze mit einem Mikroskop geringer Vergrößerung und einer Stoppuhr registrierte.

Das Interesse an dieser visuellen Nachweismethode verschwand, als man mit Zählrohren automatisch zu zählen begann. Erst nach dem 2. Weltkrieg wurde der Strahlungsnachweis mit Szintillatoren wieder in größerem Umfang aufgenommen, nachdem man mit den neuentwickelten Sekundärelektronenvervielfachern Lichtblitze in Stromimpulse umwandeln und damit auch mit dieser Methode automatisch zählen konnte. Szintillationsdetektoren bestehen heute aus dem Szintillator – je nach Meßzweck verwendet man unterschiedliche Substanzen –, der in einem lichtdichten Gehäuse auf einer Photokathode des Sekundärelektronenvervielfachers aufgekittet ist. Die in den Szintillator eindringende direkt oder indirekt ionisierende Strahlung erzeugt Photonen, die aus einer Photokathode des Sekundärelektronenvervielfachers Elektronen auslösen. Diese Elektronen lösen ihrerseits Elektronen an anderen Elektroden (Dynoden) aus (Abb. 7). Durch diesen lawinenartigen Prozeß kann eine Verstärkung von 10^6 bis 10^8 erreicht werden. Man unterscheidet organische und anorganische Szintillatoren. Bei organischen Szintillatoren ist die Eigenschaft der Lumineszenz nach auftreffender Strahlung an das Molekül gebunden. Organische Szintillatoren lassen sich deshalb in beliebigen Formen und Größen herstellen. Anorganische Szintillatoren sind in der Regel Einkristalle, deshalb relativ teuer und nur in begrenzten Größen herstellbar. Sie verlieren die Lumineszenzeigenschaft, wenn sie nicht mehr in Kristallform vorliegen. Die Wellenlänge des ausgesandten Lichtes ist bei verschiedenen Szintillatoren unterschiedlich, so daß je nach Szintillator Sekundärelektronenvervielfacher ausgewählt werden müssen, deren Photokathode in ihrem Empfindlichkeitsmaximum dem jeweiligen Szintillator entspricht.

Szintillationsdetektoren sind vor allem beim Nachweis von Gammastrahlung geringer Intensität von Vorteil. Gammastrahlung ist eine indirekt ionisierende Strahlung. Sie kann daher erst gezählt werden, wenn das Gammaquant in Materie absorbiert wurde und dabei seine Energie an ein ionisierendes Teilchen, z.B. an ein Elektron, abgegeben hat. Die Wahrscheinlichkeit, daß das Gammaquant in Materie absorbiert wird, hängt aber davon ab, wie dicht die Materie ist, d.h. von der Anzahl der Atome pro Kubikzentimeter. Der feste Szintillator enthält im gleichen Volumen rund tausendmal mehr Atome als das Zählgas im Zählrohr. In der Praxis zählt deshalb ein Szintillationsdetektor je nach Volumen – und je nach Energie der Gammaquanten – 50% bis annähernd 100% aller den Szintillator durchquerenden Gammaquanten, ein Zählrohr aber nur etwa 1% der in den Zählraum eindringenden Gammastrahlen.

Für sehr niederenergetische Strahlung, z.B. die Betastrahlung des Tritiums, wurde als besonderer Detektor der Flüssigszintillationsdetektor entwickelt. Das zu messende Präparat wird mit einem organischen Szintillator oder einer Szintillatormischung in einem Lösungsmittel gemischt, um auch Teilchen geringer Reichweite noch erfassen zu können. Derartige aufwendige Geräte spielen in der Medizin und Biologie eine bedeutende Rolle.

3.3 Die Neutronendetektoren

Neutronen, elektrisch neutrale Teilchen, können nicht direkt ionisieren. Sie können erst nachgewiesen werden, wenn sie nach einer Kernreaktion ein ionisierendes Teilchen erzeugt haben, das somit indirekt zum Neutronennachweis dient. Die Wahrscheinlichkeit, daß eine bestimmte Kernreaktion eintritt, ist sehr stark von der Energie der Neutronen abhängig, wobei man meist davon ausgehen kann, daß eine Reaktion mit langsamen, also energiearmen, Neutronen wesentlich wahrscheinlicher ist als mit schnellen, energiereichen.

Von den zahlreichen Kernreaktionen sind zum Nachweis langsamer Neutronen zwei Kernreaktionen besonders geeignet:

- Die Reaktion mit dem Element Bor, das zu 20% das Borisotop Bor-10 enthält, wird am häufigsten ausgenutzt. Wenn ein langsames Neutron auf ein Bor-10-Atom trifft, dann wird ein Alpha-Teilchen mit einer Energie von einigen MeV freigesetzt. Es entsteht dabei das stabile Lithium-7. Wenn diese Reaktion in einem Zählrohr oder einem Szintillator stattfindet, dann kann das ionisierende Alpha-Teilchen zum indirekten Nachweis langsamer Neutronen genutzt werden. Die typische technische Ausführung besteht aus einem Proportionalzählrohr, dessen Zählgas das Bor in Form von Bortrifluorid zugesetzt ist. Zur Erhöhung der Empfindlichkeit ist es auch möglich, den natürlichen Isotopenanteil von Bor-10 anzureichern. Im anderen natürlichen Borisotop, dem Bor-11, das zu 80% vorkommt, ist eine Neutronen-Kernreaktion rund eine Million mal unwahrscheinlicher. Proportionalzählrohre sind deshalb besonders gut geeignet, weil in ihnen der Nachweis eines Alpha-Teilchens und damit des Neutrons auch dann noch möglich ist, wenn gleichzeitig ca. zehn- bis hunderttausend Gammaquanten das Zählrohr durchqueren. Man spricht vom Diskriminierungsfaktor.

- Die Kernreaktion mit dem Element Lithium wird in Szintillationsdetektoren verwendet. Bei dieser Neutronenkernreaktion wird das im natürlichen Lithium zu 7,5% vorkommende Isotop Lithium-6 in Tritium und ein Alpha-Teilchen umgewandelt. Dabei wird Energie von einigen MeV abgegeben. Ein geeigneter Szintillator hierfür sind Lithiumiodid-Einkristalle.

Schnelle Neutronen, wie sie etwa bei der Kernspaltung auftreten, müssen erst abgebremst werden, ehe sie in Detektoren für langsame Neutronen nachgewiesen werden können. Dazu umgibt man den Detektor mit einem Mantel von einigen Zentimetern Dicke aus einem wasserstoffhaltigen Material (Paraffin, Polyethylen). Die Neutronen geben durch elastische Stöße ihre Energie an das „Moderator"-Material ab. Sie werden dann in diesen „Moderatordetektoren" als langsame Neutronen nachgewiesen.

Die durch Neutronen hervorgerufene Kernspaltung eignet sich zum Neutronennachweis in einer Spaltkammer. Das Spaltmaterial wird auf der Wand eines Gasionisationsdetektors in dünner Schicht aufgebracht. Die durch die Spalttrümmer erzeugte Gasionisation wird gemessen. Zum Nachweis langsamer Neutronen dienen Uran-235 und Plutonium-239 als Spaltmaterial, zum Nachweis schneller Neutronen ist u. a. Uran-238 geeignet, da dies erst oberhalb einer Neutronenenergie von 1,45 MeV gespalten wird. Von der bei der Kernspaltung freigesetzten Energie wird die Hälfte in der Kammerwand absorbiert, die andere Hälfte – rund 100 MeV – steht für die Ionisierung des Zählgases zur Verfügung. Daher können mit Spaltkammern auch dann noch Neutronen nachgewiesen werden, wenn gleichzeitig ein sehr hoher Gamma-Strahlungspegel herrscht (hoher Diskriminierungsfaktor).

4. Die Messung der Strahlendosis

Dosisbestimmung nennt man den Nachweis der Wirkung der Strahlung nach ihrer Wechselwirkung mit der Materie. In den ersten Jahrzehnten nach den Entdeckungen Röntgens und Becquerels wurde die Dosis aus der sichtbaren Wirkung der Strahlung beim Menschen bestimmt. Man beobachtete die durch Strahlung hervorgerufene Rötung der Haut eines Patienten und gebrauchte sogar ab 1920 die HED („Hauteinheitsdosis") als Dosiseinheit, bei der unter festgelegten Bestrahlungsbedingungen – natürlich mit individuellen Abweichungen – nach einer Woche eine leichte Hautrötung, nach drei Wochen eine bräunliche Verfärbung und nach sechs Wochen eine deutliche Bräunung der Haut hervorgerufen wird. Das entspricht heute einer Dosis von 6 Gy. Andere Arten der biologischen Dosimetrie sind etwa die Beobachtung von Blutbildveränderungen oder die Zahl der Chromosomenbrüche, die zwischen 0,1 und 10 Gy dosisproportional linear ansteigt.

Die Unempfindlichkeit der biologischen Dosimetrie gilt für gut reproduzierbare Effekte auch für die chemische Dosimetrie. Meist werden Reaktionen ausgenutzt, die zu einer sichtbaren Verfärbung führen. So werden schon 1915 zur Röntgendosimetrie „Sabouraud-Noiré-Tabletten" verwendet, die mit Bariumtetrazyanoplatinat ($Ba(Pt(CN)_4) \cdot 4H_2O$) getränktes Reagenzpapier waren, das sich bei einer Dosis zwischen 2 und 4 Gy von hellgrün über gelb und rot bis braun verfärbte. Auf dieser Farbreaktion beruhte eine frühe Dosiseinheit, 1 H (Holzknecht-Einheit), die einer Dosis von ca. 0,5 Gy entspricht. Im Dosisbereich von 1 bis 500 Gy kann die Umwandlung von Eisen(II) in Eisen(III) in bestimmten Lösungen als Verfärbung beobachtet, mit einem Spektralphotometer quantitativ bestimmt und zur Dosismessung genutzt werden (Fricke-Dosimeter). Bei sehr hohen Dosen, bei denen sich z. B. auch Gläser verfärben – dies wurde erstmalig 1899 vom Ehepaar Curie beobachtet –, ist die chemische Dosimetrie auch jetzt noch von Bedeutung.

Heute verwendet man empfindlichere physikalische Dosismeßverfahren. Die Dosisleistungsmesser messen den gerade herrschenden Dosispegel, während Dosimeter nur die über einen beliebigen Zeitraum aufgelaufene Dosis messen. Dosisleistungsmesser sind Gasionisations- oder Szintillationsdetektoren, während zur Dosismessung bevorzugt physikalisch meßbare, durch Strahlung hervorgerufene stoffliche Veränderungen ausgenutzt werden.

4.1 Die Dosisleistungsmessung

Die Ionendosis ist die von der Strahlung durch die Ionisierung der Gasatome erzeugte Ladung in Luft (bisherige Einheit: das Röntgen (R), neue Einheit: Coulomb pro Kilogramm (C/kg), Umrechnung: $1 \text{ R} = 2,58 \times 10^{-4} \text{ C/kg}$). Die Messung der Ionendosisleistung ist also eine Ladungsmessung in Luft. Dies geschieht in Ionisationskammern, in denen zwischen der Kammerwand und der Innenelektrode oder zwischen den Platten eines Plattenkondensators und Luft als Dielektrikum soviel Spannung angelegt wird, daß die gesamte primär durch Strahlung erzeugte Ladung gemessen werden kann (Sättigungsbereich). Die Spannung muß so gewählt werden, daß weder Ionen auf dem Weg zu den Elektroden rekombinieren, noch Elektronen soviel Energie aus dem elektrischen Feld ziehen, daß sie sekundäre Ionen erzeugen können. Hat das Wandmaterial der Ionisationskammer in bezug auf die Wechselwirkung mit der Strahlung dieselben Eigenschaften wie die Luftfüllung, so bewirkt dies ein „Elektronengleichgewicht". Die Anzeige der Dosis ist unabhängig von der Energie der Gamma- oder Röntgenstrahlung. Zeigt das Gerät aber eine Energieabhängigkeit, so ist eine Strahlung bestimmter Energie als Dosis über- oder unterbewertet (Abb. 8). Im Strahlenschutz verwendet man häufig „gewebeäquivalente" Dosisleistungsdetektoren, deren Füllgas und Detektorwandmaterial die Strahlung genau so absorbieren wie das menschliche Weichteilgewebe. Mit diesen Detektoren lassen sich Dosisleistungsmessungen im Menschen simulieren.

Um geringe Dosisleistungen genau zu messen, werden auch gewebeäquivalente Proportionalzählrohre oder Szintillationsdetektoren verwendet. Sie versagen allerdings wegen der Sättigungseffekte relativ schnell bei höherer Dosisleistung.

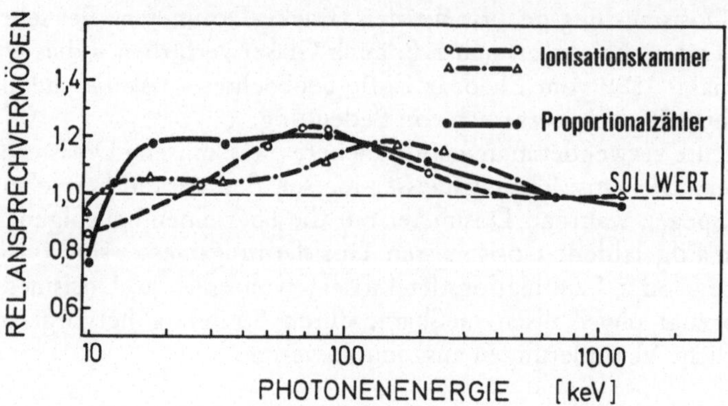

Abb. 8. Energieabhängigkeit verschiedener Detektoren

Das Geiger-Müller-Zählrohr mißt im Prinzip keine Dosisleistung, weil es unabhängig von der abgegebenen Energie immer gleiche Signale erzeugt. Wenn man aber annimmt, daß jedes im Zählrohr registrierte Teilchen im Mittel gleichviel Energie überträgt, dann kann man für eine bestimmte Strahlenart und einen bestimmten Energiebereich auch Geiger-Müller-Zähler als Dosisleistungsmesser kalibrieren. Das geschieht z. B. im Zivilschutz, wo ausschließlich die Gammastrahlung von Spaltprodukten mit einer Energie von ca. 1 MeV als Dosisleistung gemessen werden soll. Das Gerät wird aber falsch anzeigen, wenn auch nur einige Prozent zusätzlicher Betastrahlung vom Detektor registriert werden oder wenn es zur Messung in anderen Energiebereichen, z. B. Streustrahlung von Röntgengeräten im medizinischen Bereich, eingesetzt wird.

Auch zur Messung der Dosisleistung schneller Neutronen sind gewebeäquivalente Detektoren geeignet. Da in diesem Fall die Energieübertragung, d. h. die Dosis, durch Neutronen bevorzugt über den elastischen Stoß mit Wasserstoffkernen (Rückstoßprotonen) erfolgt, bedeutet Gewebeäquivalenz hier, daß die Zahl der Wasserstoffkerne zum Stickstoff im Detektor dem Verhältnis im weichen menschlichen Gewebe entsprechen muß. Das Rückstoßprotonen-Proportionalzählrohr aus Polyethylen mit Ethylenfüllung ist ein solcher Detektor, in dem zur Erhöhung der Empfindlichkeit noch radial Kunststoffscheiben eingelegt sind, um die Zahl der Neutronenrückstöße zu erhöhen. Auch Ionisationskammern und Szintillatoren werden neutronengewebeäquivalent gebaut.

Bei sehr genau dimensioniertem Moderator lassen sich mit Moderatordetektoren relativ empfindlich Neutronendosisleistungen als

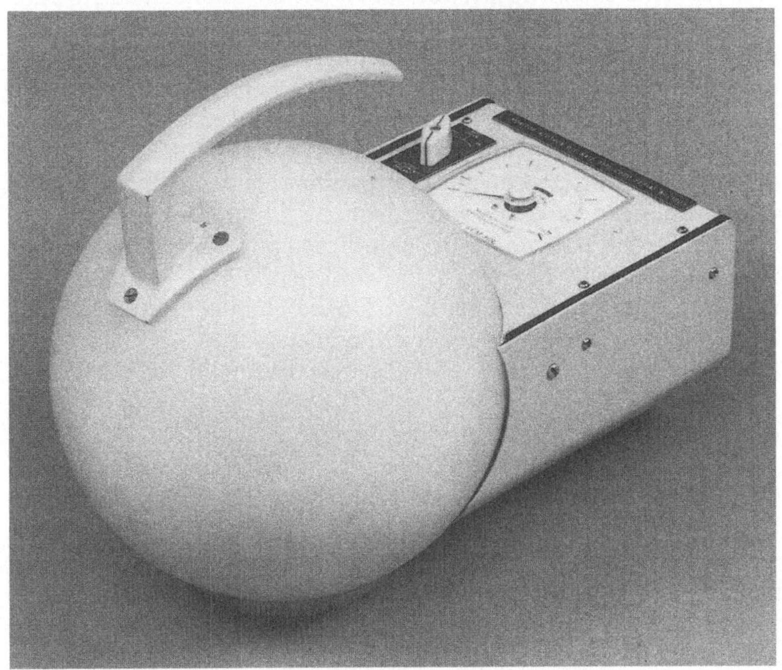

Abb. 9. Meßgerät mit kugelförmigem Moderator zur Bestimmung der Äquivalentdosisleistung von Neutronen

Energiedosisleistung oder mit dem sogenannten „Rem-Counter" als
Äquivalentdosisleistung messen (Abb. 9). Messungen der Neutronenstrahlung sind nur in einem vorgegebenen Energiebereich möglich,
außerhalb dieses Energiebereiches können große Meßfehler auftreten. Es ist bei derartigen Detektoren wesentlich, daß langsame Neutronen zu einem erheblichen Teil vor der Messung mit Hilfe von
Cadmium- oder Borabsorbern abgefangen werden, da durch sie eine
zu hohe Dosisleistung vorgetäuscht werden kann.

4.2 Die Dosismessung

Integrierende Dosimeter werden eingesetzt, um die Dosis bei
schwankendem Dosispegel zu ermitteln. Das kann bei immer nur
zeitweise eingeschalteten Röntgenanlagen oder Beschleunigern sein.
Auch in der Umgebung kerntechnischer Anlagen, wo Transporte radioaktiver Substanzen oder je nach Wetterlage und Betriebszustand

veränderliche Strahlenpegel aus der Abluft die momentane Dosisleistung beeinflussen, werden integrierende Dosimeter eingesetzt. Ferner sind sie auch als Personendosimeter in Gebrauch, da der Umgang mit ionisierender Strahlung in der Regel in einem sich örtlich und zeitlich ändernden Strahlenfeld stattfindet. Je nach Meßziel werden an solche Dosimeter recht unterschiedliche Anforderungen gestellt, die als Kombination nicht immer technisch zu verwirklichen sind. Für Überwachungen im Freien wird eine hohe Empfindlichkeit erwartet, um auch kleine Änderungen des natürlichen Strahlenpegels erkennen zu können. Der Meßbereich sollte groß sein, um bei Unfallsituationen auch noch eine 10^6 mal höhere Dosis richtig messen zu können. Ferner sollten die integrierenden Dosimeter dazu noch wetterfest und zwischen $-30\,°C$ und $+50\,°C$ temperaturunabhängig sein. Personendosimeter müssen energieunabhängig sein und dürfen vor der Auswertung keinen Dosisschwund erleiden.

Wer einmal als Besucher in einem Kontrollbereich war, wird sich sicher daran erinnern, daß er mit einem füllhalterähnlichen Dosimeter, einer Taschenionisationskammer – auch Füllhalter- oder Stabdosimeter genannt – ausgerüstet wurde. Bei diesen kleinen, luftgefüllten Ionisationskammern wird die gut isolierte Innenelektrode aufgeladen. Die im Gasraum absorbierte Strahlendosis bewirkt eine Entladung, die als Dosis an einem eingebauten Elektrometer oder einem getrennten Ablesegerät angezeigt wird (Abb. 10). Dieses Gerät ist jederzeit ablesbar. Es ist aber relativ teuer, hat einen kleinen Meßbereich, z. B. von 0,1 bis 2 mSv, und ist sehr stoßempfindlich. Immer wieder täuscht ein durch Herabfallen entladenes Stabdosimeter die maximal ablesbare Strahlendosis vor und löst Strahlenschutzmaßnahmen aus, wenn derjenige, dem das Dosimeter auf den Boden gefallen ist, darüber Stillschweigen bewahrt.

Filmplaketten zur Personendosisüberwachung wurden erstmals in der Strahlenschutzüberwachung bei der Entwicklung der Atombombe in den Vereinigten Staaten während des Zweiten Weltkrieges eingeführt. Die Filmdosimetrie ist sehr billig, da sich die Auswertung leicht automatisieren läßt. Der Dosisschwund bei Filmplaketten beschränkt die Tragedauer. Filmdosimeter sind nicht besonders nachweisempfindlich, weshalb die Jahresdosis nicht mit der erwünschten Genauigkeit festgestellt werden kann. Die Dosis kann bei gleicher Filmschwärzung je nach Filmemulsion um den Faktor 10 bis 50 für unterschiedliche Strahlenenergien schwanken. Diese Schwankungen können auf zwei Arten vermieden werden. Man schwächt die Intensität der stärker schwärzenden Strahlung niedriger Energie durch einen Metallfilter um einen Faktor proportional zu der stärkeren

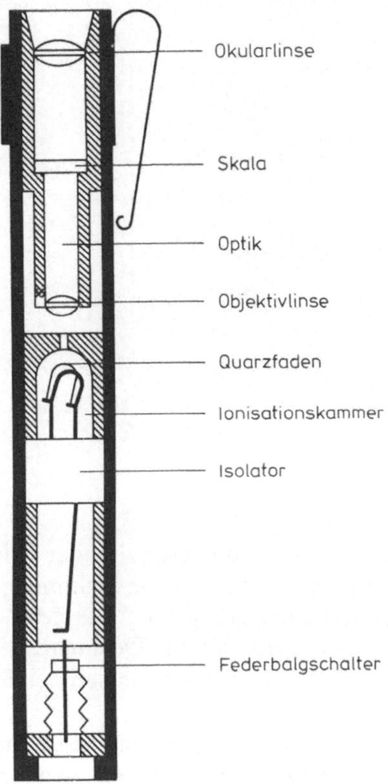

Abb. 10. Der Aufbau eines „Füllhalterdosimeters"

Schwärzung. Für einen vorgegebenen Energiebereich erhält man so ein energieunabhängiges Dosimeter.

Das andere Verfahren besteht darin, daß man die Strahlung durch unterschiedlich dicke Metallfilter auf den Film einfallen läßt und den verschiedenen Schwärzungen entsprechend hinter den Filtern die Energie bestimmt. Dieses Verfahren ist in Deutschland üblich. Es wird nur angewendet, wenn der Energiebereich der Strahlenenergie nicht bekannt ist.

Weit verbreitet ist heute die Thermolumineszenz-Dosimetrie (TLD). Radiothermolumineszenz ist die Eigenschaft von bestimmten Kristallen, bei Erwärmung Licht abzugeben, wenn sie vorher einer ionisierenden Strahlung ausgesetzt waren. Calciumfluorid und -sulfat, Lithiumfluorid, Saphir und Siliziumdioxid (Quarz) zeigen Radiothermolumineszenz. Die Auswertung erfolgt automatisch, indem

29

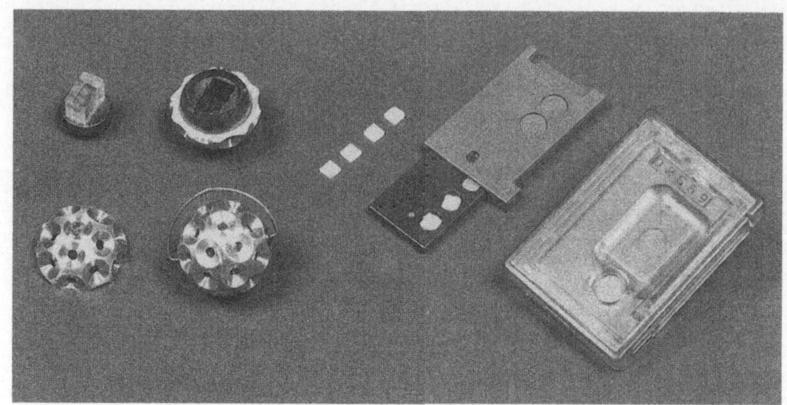

Abb. 11. Radiophotolumineszenz- (links) und Thermolumineszenzdosimeter (rechts) zur Personen- und Umgebungsüberwachung. Zu sehen sind die jeweiligen Meßelemente mit ihrer Kapselung

man bei vorgegebener, genau einzuhaltender Erhitzungsrate die bei der jeweiligen Temperatur abgegebene Lichtmenge mit einem Sekundärelektronenvervielfacher registriert. Der Meßwert im Dosimeter wird bei der Erhitzung gelöscht. TL-Dosimeter gibt es für einen großen Meßbereich. Mit Calziumfluorid lassen sich Dosen von 0,01 mSv bei 100 Sv (Abb. 11) messen.

Wenn die Dosis bei sehr unterschiedlichen Strahlenenergien bestimmt werden soll, werden gewebeäquivalente Dosimeter verwendet. Lithiumfluorid ist beispielsweise in Fingerringdosimetern vorhanden, die in der Radiochemie bei Arbeiten mit betastrahlenden Substanzen oder bei Bestrahlungen in der Medizin gebraucht werden. Die Dosis langsamer Neutronen läßt sich durch Differenzmessungen von speziellen Lithium-6-fluorid-Dosimetern, die für Neutronen- und Gammastrahlen empfindlich sind, mit Lithium-7-fluorid-Dosimetern, die nur auf Gammastrahlung ansprechen, bestimmen. Ein Beispiel für diese Meßmethode ist das Albedodosimeter in der Neutronen-Personendosimetrie. Die im Körper moderierten, also verlangsamten Neutronen werden in das am Körper getragene Dosimeter zurückgestreut (daher Albedo) und gemessen (Abb. 12).

Die Thermolumineszenz des in jeder Keramik enthaltenen Quarzes kann zur Altersbestimmung und zum Nachweis von Kunstfälschungen dienen. Beim Brennen wurde der Quarz – meist Bruchteile von Millimeter großen Körnchen – als Dosimeter sozusagen auf Null gestellt. Wenn man die natürliche Dosisleistung, der der Quarz

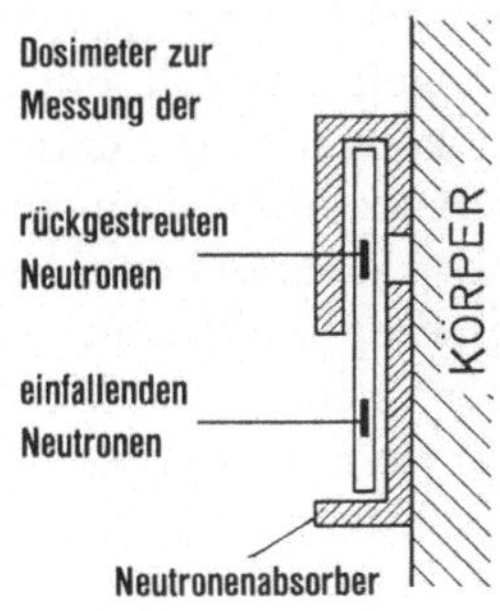

Abb. 12. Schema eines Albedodosimeters

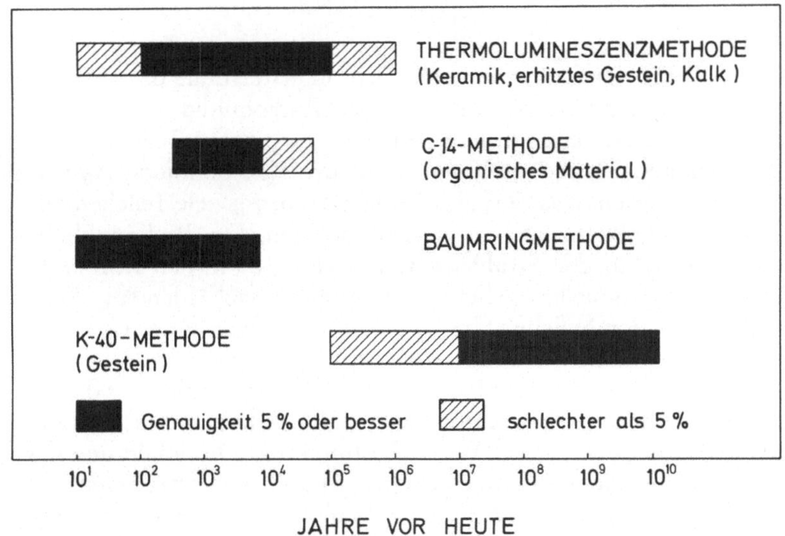

Abb. 13. Die Thermolumineszenzmethode zur Altersbestimmung im Vergleich mit anderen Verfahren

ausgesetzt war, kennt, kann aus der Messung der Zeitpunkt des Brennens bestimmt werden (Abb. 13).

Sehr zuverlässig ist die Radiophotolumineszenzdosimetrie (RPL), der nach Einführung der vollautomatischen Laserauswertung die Zukunft gehören könnte. Metaphosphatgläser mit Silberzusatz zeigen Radiophotolumineszenz, d. h. sie bilden nach einer Bestrahlung dosisproportional relativ stabile Photolumineszenzzentren.

Für die Auswertung werden sie durch ultraviolettes Licht angeregt. Das im sichtbaren Bereich abgestrahlte Licht wird mit einem Sekundärelektronenvervielfacher als Dosis registriert. Der Meßwert wird bei der Auswertung nicht gelöscht. Glasdosimeter können deshalb beliebig oft während des Überwachungszeitraumes ausgewertet werden. Die Photolumineszenzzentren können durch Erhitzen auf 400 °C gelöscht werden. Der japanischen Glasschmelzkunst verdanken wir Gläser mit hoher Empfindlichkeit, geringer Energieabhängigkeit und Gläser, die über einen großen Meßbereich praktisch ohne Dosisschwund verwendbar sind. Sie werden deshalb bei der Überwachung in Kernreaktoren bevorzugt eingesetzt (siehe Abb. 11).

5. Die Bestimmung der Strahlenenergie

Die Messung der Strahlenenergie dient in erster Linie dazu, Radionuklide zu identifizieren. Erst wenn das Radionuklid und sein Zerfallsschema bekannt sind, kann aus der gemessenen Teilchen- oder Quantenintensität die als Kernzerfälle pro Zeit definierte Aktivität bestimmt werden. Das Zerfallsschema gibt an, wieviele Teilchen oder Quanten pro Kernzerfall ausgesandt werden. Die Radionuklidbestimmung ist für den Strahlenschutz wichtig, da in den Körper gelangte Strahlenquellen gleicher Intensität je nach Element, Halbwertszeit und möglichen Tochtersubstanzen sehr unterschiedliche biologische Strahlenwirkungen hervorrufen können.

Das Energiespektrum von Alpha- und Gamma-Strahlen ist diskret, d.h. alle Teilchen oder Quanten einer Gruppe haben dieselbe Energie. Die Energie ist typisch für ein bestimmtes Radionuklid und deshalb zu seiner Identifizierung geeignet. Beta-Strahler haben ein kontinuierliches Energiespektrum von Null bis zu einem maximalen Wert, der nicht sehr genau bestimmt werden kann und folglich wenig für die Nuklididentifizierung geeignet ist.

Für eine Energiebestimmung muß das Teilchen oder Quant seine volle Energie an einen Strahlungsdetektor abgeben. Dieser soll Impulse liefern, deren Höhe proportional der abgegebenen Energie ist. Das gemessene Impulshöhenspektrum entspricht dann dem Energiespektrum. Alpha-Strahler müssen zur Energiebestimmung in „unendlich dünner" Schicht in den Zählraum eines Proportionalzählrohrs oder einer Impulsionisationskammer eingebracht werden, um die durch die endliche Dicke der Probe bedingten Verluste gering zu halten. Das läßt sich in der Praxis jedoch nicht so einfach verwirklichen. Oft wird deshalb den Alphastrahlern ein Flüssigszintillator zugemischt. Weitere Möglichkeiten, Energieverluste bei der Alphastrahlen-Energiebestimmung zu vermeiden, bestehen darin, bei Halbleiterdetektoren den Gasraum zwischen Meßpräparat und Detektor leerzupumpen. Einfacher ist das Problem bei Röntgen- und Gamma-Strahlung, da nach dem Durchgang durch Materie zwar ihre Intensität, die Anzahl der Quanten, vermindert wird, das in den Detektor gelangende Einzelquant hat aber noch die ursprüngliche Energie. Seine kinetische Energie kann im Detektor durch den Photoeffekt über einen Sekundärelektronenvervielfacher gemessen werden. Der Photoeffekt tritt insbesondere in Material hoher Ordnungszahl auf, andere mögliche Effekte wie Comptoneffekt oder Paarbildung, die die Energiebestimmung stören können, treten demgegenüber zurück.

Die Qualität einer Energiebestimmung richtet sich nach dem energetischen Auflösungsvermögen der Meßanordnung. Man versteht darunter die kleinste Differenz zweier Energien, die das Meßgerät noch registrieren kann. Diese Energiedifferenz in Prozent der zu messenden Energie ist ein Maß für das Auflösungsvermögen. Das Auflösungsvermögen wird durch statistische Effekte , die bei der Energieabgabe im Detektor ablaufen, bestimmt. Ein Gammaquant von 70 keV Energie löst z. B. aus der Photokathode des Sekundärelektronenvervielfachers primär 100 Elektronen aus. Im Proportionalzählrohr würde ein Gammaquant von 70 keV aber über die Ionisierung primär 2000 Elektronen erzeugen (bei 35 eV pro Ionenpaar in einem bestimmten Gas) und im Halbleiter sogar 20 000 Elektron-Loch-Paare (bei einem mittleren Energieaufwand von 3,5 eV pro Elektron-Loch-Paar). Das Auflösungsvermögen erhöht sich mit der Anzahl der primär erzeugten Elektronen.

Ein besonders hohes energetisches Auflösungsvermögen erreicht man mit Halbleiterdetektoren. Derartige Detektoren kann man sich als Festkörperionisationskammern vorstellen, bei denen sich zwischen den Elektroden kein Gas, sondern eine leitende Sperrschicht befindet. Ein in die Sperrschicht eindringendes Teilchen erzeugt analog zur Gasionisation Elektron-Loch-Ladungsträgerpaare, die zu einem Stromimpuls führen. Als Sperrschicht dienen Silizium- oder Germaniumeinkristalle, denen Akzeptoren (z. B. Bor) oder Donatoren (z. B. Phosphor) zugesetzt sind (Dotierung). Halbleiterzähler haben ein geringes Zählvolumen, dadurch sind sie in der Zählausbeute relativ unempfindlich. Sie erzeugen nur kleine Signalhöhen, die stark nachverstärkt werden müssen. Die Zählereigenschaften sind temperaturempfindlich.

Häufig wird eine höhere Meßempfindlichkeit unter Inkaufnahme eines Verlustes an Auflösungsvermögen gefordert. Szintillationsde-

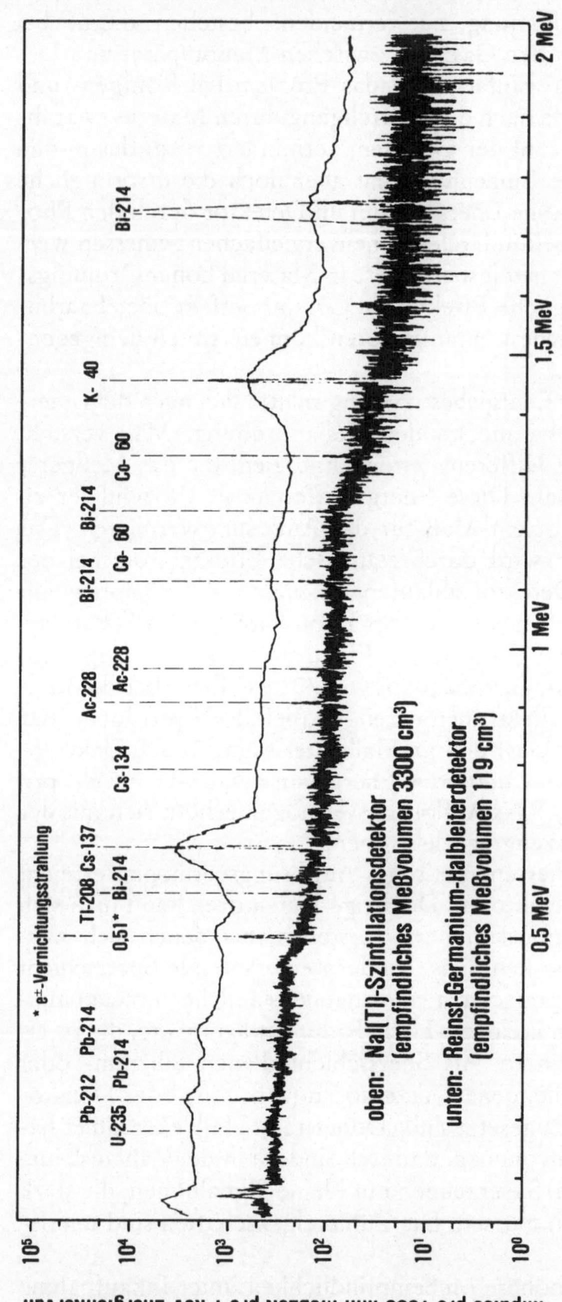

Abb. 14. Gamma-Spektrum einer Schlammprobe aus einer Regenwasserkanalisation, aufgenommen mit Szintillations- und Halbleiterdetektor

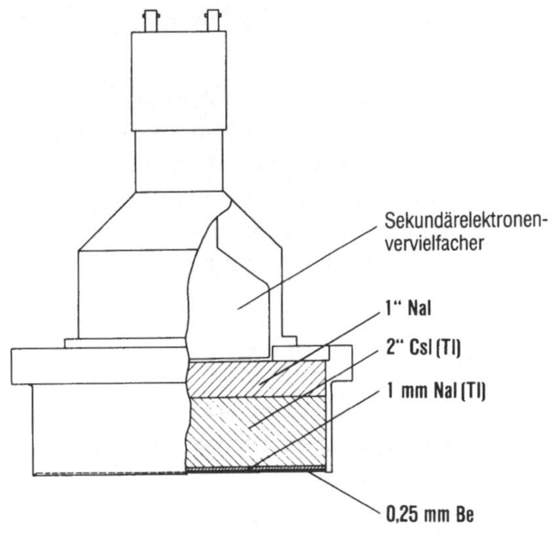

Abb. 15. Schema eines Phoswich-Detektors

tektoren mit anorganischen Szintillatoren wie NaI(Tl) und CsI(Tl) haben eine hohe Meßempfindlichkeit, aber ein geringeres Auflösungsvermögen. Die Szintillatoren werden als Einkristalle mit einem Volumen von mehreren Litern hergestellt (Abb. 14).

Ein Nachweisgerät im Strahlenschutz mit besonders hoher Empfindlichkeit ist der Ganzkörperzähler (human body counter). Mit ihm können Intensität und Energiespektrum der Strahlung im menschlichen Körper vorhandener Radionuklide gemessen werden. Die hohe Empfindlichkeit wird durch großvolumige NaI(Tl)-Detektoren und durch eine verbesserte Abschirmung erreicht. Damit lassen sich aber Transurane – wie Plutonium – mit für den Strahlenschutz genügender Empfindlichkeit nicht nachweisen. Für die Messung dieser energiearmen Röntgenstrahlung, deren Energie im Bereich von 20 keV liegt, werden Großflächen-Proportionalzählrohrkombinationen und Detektoren mit Szintillatorkombinationen (Phoswichdetektoren) (Abb. 15) eingesetzt. Sie zählen nur die Quanten, die exakt im gewünschten Energiebereich liegen.

6. Der Weg eines ionisierenden Teilchens wird sichtbar

„Es bedeutet einen der schönsten Erfolge der letzten Zeit, daß es
C. T. R. Wilson gelungen ist, die Bahnspuren der Alpha-, Beta- und
Gamma-Strahlen in relativ einfacher Weise direkt sichtbar zu machen. Noch vor wenigen Jahren hätte man es für einen phantasti-
schen Traum ansehen mögen, ein einzelnes Atom (wie es das Heli-
um-Alpha-Teilchen darstellt) in seinem Fluge unmittelbar betrachten

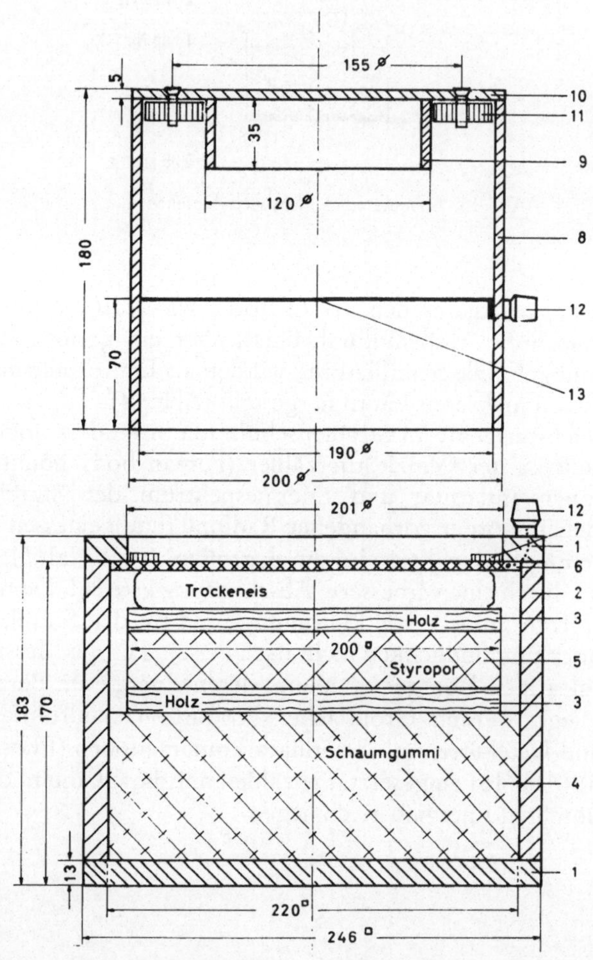

Abb. 16. Schnittzeichnung für eine Eigenbau-Diffusionsnebelkammer

zu können, oder gar die Wege eines einzelnen „Elektrons" zu verfolgen ..." (aus: „Radioaktivität" von Meyer und v. Schweidler, 1916).

Das Prinzip der Wilsonschen Nebelkammer (1912) beruht darauf, daß die Kondensation von übersättigtem Wasserdampf bevorzugt an Keimen erfolgt. Die Kammer besteht aus einem luftgefüllten zylindrischen Gefäß, das auf der einen Seite mit einem Glasdeckel verschlossen ist. Durch einen beweglichen Kolben auf der anderen Seite des Gefäßes kann die Luft adiabatisch expandiert werden. Sie kühlt sich ab und ist mit Wasserdampf übersättigt. Fallen zu diesem Zeitpunkt ionisierende Teilchen in den Gasraum ein, so kondensieren die Wassertröpfchen entlang der Ionenbahn und können, seitlich beleuchtet, beobachtet und fotografiert werden. Solche Kammern sind nur für kurze Zeiten empfindlich. Zur Dauerbeobachtung werden Diffusionsnebelkammern gebaut. Dabei wird oben im Gasraum dauernd Wasser (und/oder Alkohol) verdampft, das am gekühlten Boden der Kammer kondensiert, so daß dazwischen eine Zone übersättigten Dampfes entsteht. Eine Bauanleitung für eine einfache Diffusionsnebelkammer aus der Schule für Kerntechnik des Kernforschungszentrums Karlsruhe sei hier skizziert:

In der Zeichnung (Abb. 16) und in der Stückliste ist eine Diffusionsnebelkammer angegeben, die mit einfachen Mitteln ohne großen Aufwand selbst hergestellt werden kann. Die fertige Kammer zeigt die Abb. 17. Der im Deckel eingebaute Filzring wird mit Methanol getränkt. Die Spannung zwischen der metallischen Bodenplatte und dem Gitter soll zur Abscheidung störender geladener Kondensationskeime ca. 1000 V

Stückliste zur Nebelkammer

Lfd. Nr.	Anzahl	Werkstoff	Abmessungen in mm
1	2	Tischlerplatten	13 × 246 × 246
2	4	"	13 × 157 × 233
3	2	"	13 × 200 × 200
4	1	Schaumgummi	100 × 220 × 220
5	1	Styropor	30 × 200 × 200
6	1	Kupferscheibe	4 × 200 Ø
7	1	Dichtgummi, weich	2 × 220 Ø
8	1	Acrylglas	200 Ø × 190 Ø × 175
9	1	"	120 Ø × 110 Ø × 35
10	1	"	5 × 200 Ø
11	1	Filzring	125 Ø × 185 Ø × 10
12	2	Klemmen	
13	1	Gitter, aus Kupferdraht 0,2 Ø gefertigt	

Außerdem: Schrauben für den Holzkasten, die Befestigung der Kupferplatte und des Filzrings sowie 4 Kistenverschlüsse (100 mm lang) und Klebstoff.

Abb. 17. Die fertige Eigenbau-Diffusionsnebelkammer

betragen. Mit einer Trockeneisfüllung ist eine Betriebszeit der Kammer von drei bis
vier Stunden zu erreichen.

Als radioaktives Präparat benutzt man am besten ein Alpha-Strahlen emittierendes
Radionuklid, da die Spuren von Alpha-Teilchen wegen der großen Ionisierungsdichte
sehr gut sichtbar sind. Verwendbar sind Teile eines Thorium-Glühstrumpfes aus Gas-
leuchten oder auch Zeiger von alten Uhren mit radiumhaltigen Leuchtfarben. Stehen
radioaktive Präparate zur Verfügung, so ist Polonium-210 gut geeignet. Die Aktivität
des Präparates darf nicht zu groß sein. Es genügen bereits ca. 100 Bq Po-210. Die Frei-
grenze, das ist die Aktivität, mit der nach der Strahlenschutzverordnung ohne Genehmigung umgegangen werden darf, beträgt 3700 Bq.

Die Spitze eines in HNO_3 angeätzten Silberdrahtes wird kurze Zeit (30 bis 60 s) in
eine salpetersaure Lösung von Pb-210 (einschließlich Folgenuklide Bi-210 und Po-
210) eingetaucht. Auf dem Silberdraht scheidet sich nur Po-210 ab. Zur Beobachtung
der Bahnspuren wird die Kammer von der Seite mit einer Schreibtisch- oder Mikro-
skoplampe beleuchtet. Eine Kontamination der Kammer ist zu vermeiden!

In der Hochenergiephysik müssen Teilchenbahnen beobachtet werden, deren Reichweite so groß ist, daß sie sich auch dann nicht mehr in Nebelkammern totlaufen, wenn man sie mit starken Magnetfeldern „aufwickelt". Glaser entwickelte 1952 – er erhielt 1960 dafür

38

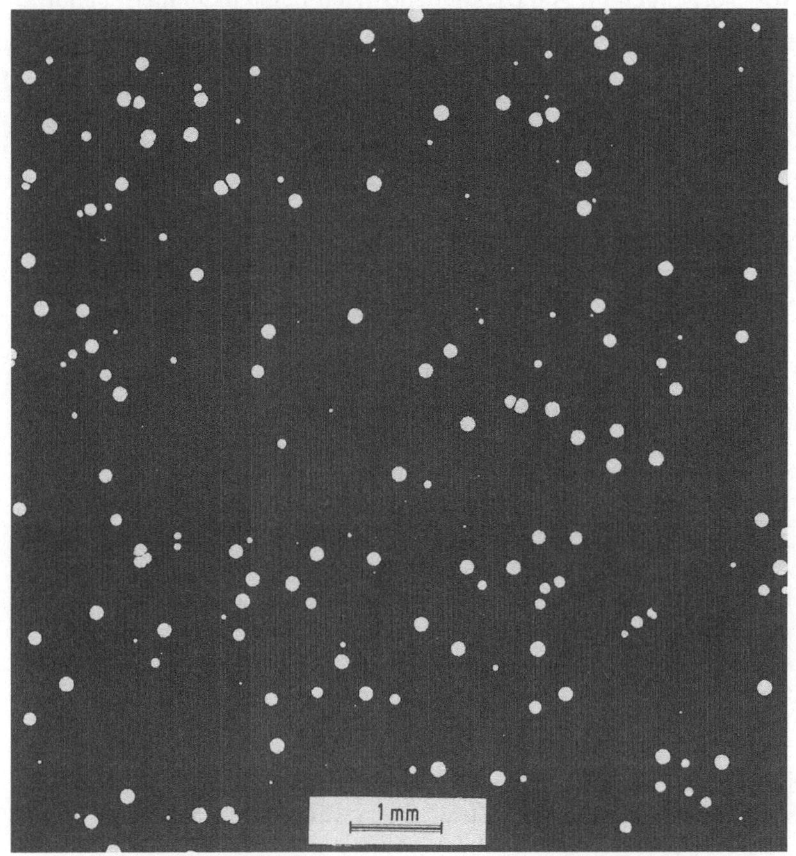

Abb. 19. Radonmessung mit Kernspurdetektor

den Nobelpreis – die sogenannten Blasenkammern. In diesen Kammern wird eine Flüssigkeit bei einer Temperatur nahe dem Siedepunkt expandiert. Dadurch entsteht eine überhitzte Flüssigkeit. Bei einfallender ionisierender Strahlung bilden sich entlang der Ionenbahn Dampfblasen. Die Bläschenbahnen werden bei der nur etwa 10 ms empfindlichen Kammer fotografisch registriert. Als Flüssigkeiten werden Wasserstoff, Helium, Pentan und Propan benutzt. Es gibt Kammern mit einigen zehntausend Litern Inhalt.

In der Hochenergiephysik werden besonders zur Beobachtung

von Vorgängen im Nanosekundenbereich Funkenkammern benutzt. Das ist ein Stapel plattenförmiger, paralleler Elektroden, die jeweils einige Millimeter Abstand haben. Die Kammer ist mit einem Edelgas (Neon, Argon) gefüllt. Die Elektroden liegen abwechselnd auf Erdpotential und an Hochspannung von etwa 10 000 V. Fällt ein ionisierendes Teilchen ein, so kommt es entlang der Ionenbahn dort, wo das Füllgas vom Teilchen ionisiert worden ist, zu einer Entladung, einem Funken. Dieser läßt sich fotografisch von zwei Seiten registrieren, um die Bahnspur auch räumlich erfassen zu können. Funkenkammern werden häufig so betrieben, daß das einfallende Teilchen als Trigger erst einen Hochspannungsimpuls auf die entsprechenden Elektroden gibt und damit den Funken auslöst.

Die Bahnen dicht ionisierender Strahlen wie Alpha-Teilchen sowie durch Neutronen verursachte Rückstoßprotonen lassen sich im Mikroskop auch auf fotografischen Filmen festhalten. Der Nachweis wird häufig durch einen von Gammastrahlen verursachten, gleichmäßig schwarzen Untergrund erschwert. Diesen Nachteil hat die von Young (1958) beschriebene nichtfotografische Kernspurregistrierung in anorganischen oder organischen Isolatoren nicht. Im Elektronenmikroskop sichtbare Spuren dicht ionisierender Strahlen werden durch chemische und elektrochemische Ätzung so ausgeweitet, daß sie auch im normalen Mikroskop sichtbar werden. Der Untergrund der Gammastrahlen stört nicht (Abb. 18, S. 158). Dieses Verfahren ist äußerst empfindlich. Es wird in der Mineraliendatierung, der Produktüberwachung, in der Hochenergiephysik und der Astrophysik angewendet. Im Strahlenschutz verwendet man das Verfahren z. B. bei der Messung der Strahlenexposition durch Radon in Wohnungen (Abb. 19).

III. Welchen Strahlen aus der Natur sind wir ausgesetzt?

1. Strahlen, die von außen auf uns wirken

1.1 Strahlung aus dem Weltall

Die energiereiche, in die Erdatmosphäre eindringende Weltraumstrahlung bezeichnet man als primäre kosmische Strahlung oder primäre Höhenstrahlung. Reaktionen mit Atomkernen in den äußeren Schichten unserer Atmosphäre führen zu Sekundärteilchen und elektromagnetischer Strahlung. Diese bilden zusammen die sogenannte sekundäre kosmische Strahlung, die zur natürlichen Strahlenexposition des Menschen beiträgt. Die kosmische Strahlung wurde von Hess und Kolhörster entdeckt. Sie haben unabhängig voneinander bereits 1913 eine mit der Höhe zunehmende Ionisation in der Atmosphäre festgestellt.

Der größte Anteil der primären kosmischen Strahlung stammt aus unserer Galaxis. Aus der Größe des interstellaren Magnetfeldes und dem Anteil schwererer Kerne an dieser galaktischen Strahlung läßt sich das Alter der Strahlung auf 10^6 Jahre abschätzen. Die überwiegend durch starke Protuberanzen auf der Sonne entstehende solare Komponente der kosmischen Strahlung hat nur einen Anteil von wenigen Prozent.

Die primäre galaktische Strahlung besteht überwiegend aus sehr energiereichen Protonen, einem rund zehnprozentigen Anteil von Heliumkernen neben einem sehr viel kleineren Anteil von schweren Kernen, Photonen und Elektronen. Das Energiespektrum der Protonen reicht von wenigen Millionen Elektronvolt (MeV) bis zu mehr als 10^{14} MeV mit einem Intensitätsmaximum bei 300 MeV.

Das Magnetfeld der Erde und der Sonnenfleckenzyklus beeinflussen den Teil der galaktischen Primärstrahlung, die mit Energien von weniger als 10^4 MeV auf die äußersten Schichten unserer Atmosphäre trifft.

Das Magnetfeld lenkt die geladenen Primärteilchen mit niedriger kinetischer Energie zurück in den Weltraum. Dieser Effekt ist abhängig vom geomagnetischen Breitengrad. In der Äquatorregion ist das

Magnetfeld viel weiter ausgedehnt. Teilchen können nur in die Atmosphäre eintreten, wenn sie eine bestimmte Mindestenergie besitzen. Nur an den magnetischen Polen können Teilchen beliebiger Energie in die Atmosphäre eindringen, weshalb dort der Teilchenfluß größer ist.

In einem periodischen, etwa elfjährigen Zyklus wechselt unsere Sonne zwischen stärkerer und schwächerer Aktivität, erkennbar an der Häufigkeit von Sonnenflecken. Während der Zeiten maximaler Sonnenaktivität erzeugt der Sonnenwind, so nennt man den von der Sonne ausgehenden Strom geladener Teilchen, im Planetenraum ein ausgedehntes Magnetfeld. Dieses Magnetfeld schirmt die Erde gegen Nukleonen geringer kinetischer Energie ab. Deshalb ist zu Zeiten maximaler Sonnenaktivität der Anteil der galaktischen Strahlungskomponente an der kosmischen Strahlung am geringsten.

Strahlungsausbrüche auf der Sonne – Protuberanzen – setzen große Energiemengen als sichtbares und ultraviolettes Licht, Röntgenstrahlung und als Materie in Form von Protonen und Heliumkernen mit Energien von 1 bis 40 MeV frei. Aber wegen dieser – verglichen mit der galaktischen Komponente – geringen Teilchenenergie und der geringen Häufigkeit wirklich großer Sonneneruptionen ist der Beitrag der Sonne zur Strahlenexposition auf der Erde gering. Zwischen 1942 und 1962 wurden nur bei 13 Eruptionen meßbare Dosisbeiträge in der unteren Atmosphäre beobachtet. In den äußeren Atmosphärenschichten können solche Eruptionen den Strahlungsfluß allerdings kurzzeitig um das hundertfache steigern.

Beim Eindringen der primären kosmischen Strahlung in die äußeren Atmosphärenschichten erzeugt sie über Kernreaktionen Neutronen, Protonen und andere Elementarteilchen sowie eine Vielzahl von Reaktionsprodukten durch Spallationsprozesse (Kernzertrümmerungsprozesse). Energiearme Primärteilchen geben ihre Energie bei Ionisationsprozessen ab. Viele der aus den ersten Kernreaktionen erzeugten Sekundärteilchen haben so hohe kinetische Energien, daß durch weitere Kernreaktionen mit den Sauerstoff- und Stickstoffkernen der oberen Atmosphäre die Anzahl der Sekundärteilchen kaskadenartig ansteigt. Ein solcher Kaskadenschauer kann viele Millionen Teilchen enthalten und eine Fläche von mehreren Quadratkilometern bedecken. Kaskadenprozesse entstehen auch durch den Zerfall von Elementarteilchen.

Protonen und Neutronen der sekundären kosmischen Strahlen tragen in den oberen Atmosphärenschichten am meisten zur Energiedosisleistung bei. Durch Ionisationsprozesse und Stöße mit anderen Nukleonen verlieren sie rasch an Energie, damit sinkt ihre Flußdichte

so stark, daß ihr Energiedosisanteil in Meereshöhe nur noch wenige
Prozent zur gesamten Energiedosis der kosmischen Strahlung aus-
macht. Der überwiegende Beitrag zur Strahlendosis stammt von den
Myonen und Elektronen, die bei Ionisations- und Kaskadenprozes-
sen oder beim Myonenzerfall entstehen (Abb. 20).

Myonen haben eine mittlere Lebensdauer von 2,2 µs (millionstel
Sekunden). Die Myonen der kosmischen Strahlen haben eine Geschwindigkeit, die nur wenig geringer als die Lichtgeschwindigkeit
ist. Bei einem Verhältnis der Geschwindigkeit des Myons zur Lichtgeschwindigkeit von 0,9998 errechnet sich nach der klassischen Physik eine freie Flugstrecke für das Myon von nur 660 m. Dem wider-
spricht die Tatsache, daß sich Myonen auf der Erdoberfläche

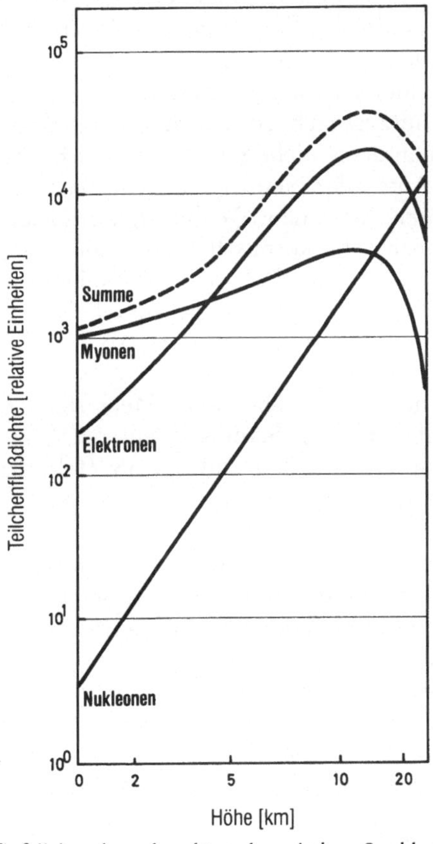

Abb. 20. Teilchenflußdichte der sekundären kosmischen Strahlung in Abhängigkeit
von der Höhe

nachweisen lassen, sie also die ganze Erdatmosphäre unbeschadet durchdringen können. Für Teilchen, die sich mit einer Geschwindigkeit nahe der Lichtgeschwindigkeit bewegen, gelten aber die Gesetze der Relativitätstheorie. Eine relativistische Rechnung ergibt für das sich fast mit Lichtgeschwindigkeit bewegende Myon für einen ruhenden Beobachter auf der Erdoberfläche eine 50fach größere mittlere Lebensdauer. Und bei dieser mittleren Lebensdauer kann das Myon einen Weg von über 30 km zurücklegen.

Die Anzahl der pro Volumen- und Zeiteinheit in Luft erzeugten Ionen ist ein Maß für die gesamte Flußdichte geladener Teilchen der kosmischen Strahlung. In Meereshöhe beträgt die Ionenproduktionsrate $2{,}1\ \mathrm{cm}^{-3}\mathrm{s}^{-1}$. Der mittlere Energiebedarf für die Erzeugung eines Ionenpaares in Luft beträgt 33,7 eV. Damit ergibt sich eine Energiedosisleistung in Luft von 280 µGy/Jahr auf Meereshöhe.

Die mittlere Neutronenflußdichte auf Meereshöhe für Breiten zwischen 45° und 55° beträgt etwa $8 \times 10^{-3}\mathrm{cm}^{-2}\mathrm{s}^{-1}$. Daraus errechnet sich eine mittlere Energiedosisleistung von 3,5 µGy/Jahr.

Im Strahlenschutz ist nicht so sehr die Energiedosis, sondern vielmehr die Äquivalentdosis wichtig. Daher muß man den ionisierenden Anteil und den Anteil der Neutronen an der kosmischen Strahlung getrennt betrachten. Mit einem Qualitätsfaktor gleich 1 für die ionisierende Komponente der kosmischen Strahlung und gleich 6 für die Neutronenkomponente ergeben sich Äquivalentdosisbeiträge von 280 µSv/Jahr und 21 µSv/Jahr. Der gesamte Beitrag der kosmischen Strahlung zur Äquivalentdosis beträgt ca. 0,3 mSv/Jahr auf Meereshöhe.

Mit zunehmender Höhe über dem Meer steigt die Jahresdosis langsam an (siehe Abb. 21). Ständiger Aufenthalt in 1500 m Höhe läßt den Wert von 0,3 mSv/Jahr auf 0,5 mSv/Jahr steigen. Ein Jahresaufenthalt auf der Zugspitze ergibt mit knapp 1,2 mSv/Jahr fast den vierfachen Wert wie auf Helgoland.

Bei Flügen in größerer Höhe ist man einer erhöhten Strahlenexposition durch die kosmische Strahlung ausgesetzt, so z. B. bei Überschallflügen mit üblichen Flughöhen von ca. 16 km. Die Messung der Dosisleistung auf einem Routineflug einer Concorde der Air France von Paris nach Rio de Janeiro im Februar 1976 zeigt eindrucksvoll, wie die Dosisleistung von der Flughöhe und der jeweiligen geographischen Breite abhängt (Abb. 22).

- Abflug Paris: etwa 0,1 µSv/h durch kosmische und terrestrische Strahlung.
- Paris–Nantes: Nach dem Abheben des Flugzeugs kurzzeitig geringere Dosisleistung durch Abnahme des terrestrischen Strah-

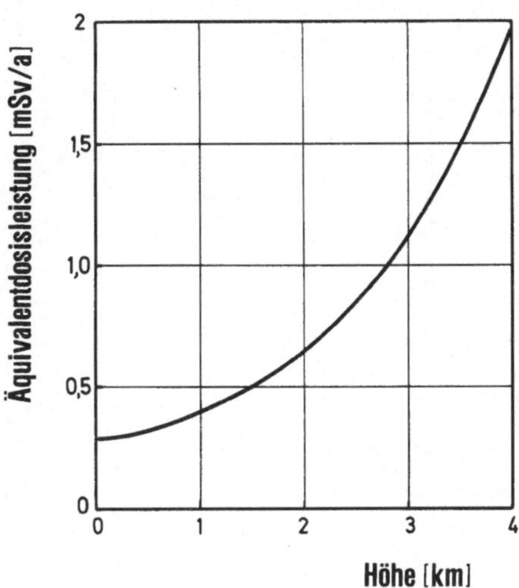

Abb. 21. Dosisleistung der kosmischen Strahlung in Abhängigkeit von der Höhe für mittlere geographische Breiten

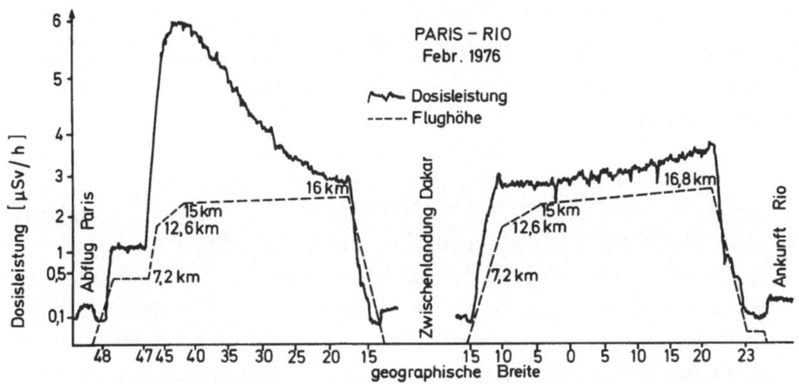

Abb. 22. Dosisleistung in Abhängigkeit von der Höhe und der geographischen Breite (Messung während eines Concorde-Fluges Paris – Rio, Februar 1976)

lungsanteils beim Steigflug; Unterschallflug über Frankreich bis Nantes, Flughöhe etwa 7 km, Dosisleistung ca. 1 µSv/h.
- Nantes–Dakar: Überschallflug, Dosisleistung von 6 µSv/h in 15 km Höhe bei 45° nördlicher Breite; Abnahme der Dosisleistung auf 3 µSv/h bei fast gleichbleibender Flughöhe und 20° nördlicher Breite.

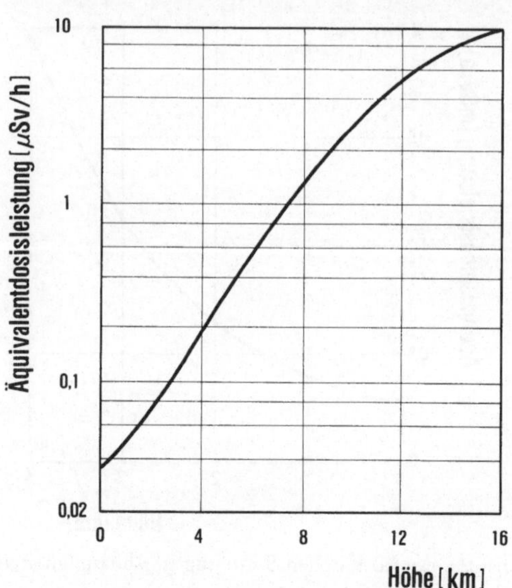

Abb. 23. Dosisleistung der kosmischen Strahlung für Höhen bis zu 16 km für mittlere Breiten

– Zwischenlandung Dakar, Weiterflug nach Rio: Starker Rückgang der Dosisleistung durch Verlassen der Reiseflughöhe von 16 km; auf dem Flughafen Dakar (Meereshöhe) 0,1 µSv/h durch kosmische und terrestrische Strahlung; nach Erreichen der Reiseflughöhe wieder Anstieg auf 3 µSv/h, beim Weiterflug nach Rio zwischen 5° Nord und 20° Süd leichter Anstieg der Dosisleistung, auf dem Flughafen Rio (Meereshöhe) wieder 0,1 µSv/h.

Diese stark ausgeprägte Breitenabhängigkeit der Dosisleistung der kosmischen Strahlung zeigt sich insbesondere bei den größeren Flughöhen der Überschallflugzeuge. Die Abhängigkeit der Dosisleistung der kosmischen Strahlung von der Flughöhe für mittlere Breiten (45° bis 55°) ist in der Abbildung 23 dargestellt. Bei mittleren Flugstrecken und den dabei erreichten Flughöhen von ca. 8 km sind Dosisleistungen von 1,5 µSv/h zu erwarten. Auf einer Flughöhe von 12 km bei interkontinentalen Flügen erhöht sich die Dosisleistung auf etwa 5 µSv/h. Daraus ergibt sich z. B. für einen Hin- und Rückflug von Frankfurt nach Mallorca eine Dosis von 8 µSv, während der Passagier auf dem Flug Frankfurt–Los Angeles–Frankfurt einer Äquivalentdosis von 60 µSv ausgesetzt ist.

Beim Raumflug von Apollo XI im Juli 1969 waren der erste Mensch auf dem Mond, der Astronaut Neil A. Armstrong und seine

Tabelle 2. Strahlendosis bei Raumflügen

Flug		Flugdauer [h]	Dosis [mGy]
Apollo VII	Erdumkreisung	260	1,2
Apollo VIII	Mondumkreisung	147	1,9
Apollo IX	Erdumkreisung	241	2,1
Apollo X	Mondumkreisung	192	4,7
Apollo XI	Mondlandung	195	2
Apollo XIV	Mondlandung	209	5

Tabelle 3. Strahlendosis beim Flug Apollo XI

Strahlenart	Energie-dosis [mGy]	Äquivalent-dosis [mSv]
Protonen	1,5	2,2
„Sterne"	0,15	0,95
schwere Kerne	0,05	0,45
Elektronen, Gammastrahlen	0,3	0,3
schnelle Neutronen	0,01	0,1
Summe	2	4

Kollegen Edwin E. Aldrin und Michael Collins einer Strahlendosis von jeweils rund 4 mSv ausgesetzt (Tabellen 2 und 3). Die Astronauten sind der primären galaktischen Strahlung, der solaren Strahlung und der intensiven Strahlung in den beiden Strahlungsgürteln, die die Erde umgeben (Van-Allen-Gürtel), ausgesetzt. Ein großer Anteil der gesamten Strahlendosis der Astronauten bei den Raumflügen (Tabelle 2) kommt von diesen Strahlungsgürteln, die die Erde äquatorial in etwa 8000 und 50000 km Entfernung umgeben. So war beispielsweise die höhere Dosis beim Flug von Apollo X, verglichen mit dem etwa zeitgleichen Flug von Apollo XI, weitgehend durch den Verlauf der Flugbahn in und durch die Strahlungsgürtel bedingt.

Der innere Strahlungsgürtel besteht vorwiegend aus Protonen mit Energien von einigen 100 MeV und Elektronen mit 100 bis 400 keV. Im äußeren Gürtel ist die kinetische Energie deutlich niedriger. Strahlungsmessungen hinter einer Aluminiumabschirmung von 3 mm Dicke ergaben im inneren Van-Allen-Gürtel bis zu 0,2 Gy/h und im äußeren Strahlungsgürtel bis zu 0,05 Gy/h.

Ursache dieser Van-Allen-Gürtel sind die durch die primäre kosmische Strahlung in den obersten Atmosphärenschichten durch

Kernreaktionen entstandenen, in den Weltraum zurückgestreuten Neutronen. Ein solches freies, d. h. nicht an einen Atomkern gebundenes Neutron zerfällt mit einer Halbwertszeit von rund tausend Sekunden in ein Proton und ein Elektron. Diese geladenen Teilchen werden vom Magnetfeld der Erde eingefangen. Sie bewegen sich auf Spiralbahnen längs der Linien des Erdmagnetfeldes. Die Struktur des Erdmagnetfeldes sorgt dafür, daß diese Teilchen ihre Bewegungsrichtung bei Annäherung an einen der Erdmagnetpole umkehren und so – zwischen Nord und Süd oszillierend – gefangen bleiben.

Wirklich gefährlich könnte den Astronauten nur die als Folge eines großen Strahlungsausbruches auf der Sonne auftretende Strahlung aus Protonen und Heliumkernen im Weltraum außerhalb der abschirmenden Wirkung des Erdmagnetfeldes werden. So wurde geschätzt, daß das Eruptionsereignis auf der Sonne vom 10. Juli 1959 selbst hinter einer Abschirmung von $1\,g/cm^2$ – das entspricht der Dicke einer Aluminiumplatte von etwa 3,7 mm – zu einer Energiedosis von 3,6 Gy durch Protonen und 1,5 Gy durch Heliumkerne geführt hätte.

1.2 Strahlung auf der Erde

Die Erdkruste enthält in regional unterschiedlicher Konzentration eine Vielzahl natürlich radioaktiver Stoffe. Die beim Zerfall emittierte ionisierende Strahlung, insbesondere die Beta- und Gammastrahlung, wird terrestrische Strahlung genannt. Die Strahlung hat nichts mit „Erdstrahlen" zu tun. Ob es „Erdstrahlen" gibt, sei dahingestellt, die Existenz der terrestrischen Strahlung wurde mit der Entdeckung der Radioaktivität durch Becquerel nachgewiesen.

Die meisten natürlich radioaktiven Stoffe entstammen einer der drei Zerfallsreihen, deren Anfangsglieder eine, dem Alter des Sonnensystems (10 Milliarden Jahre) vergleichbar lange Halbwertszeit besitzen:
- Uran/Radium-Reihe, ausgehend vom Uran-238 (Halbwertszeit: 4,5 Milliarden Jahre), Abb. 24,
- Uran/Actinium-Reihe, ausgehend vom Uran-235 (Halbwertszeit: 0,7 Milliarden Jahre), Abb. 25,
- Thorium-Reihe, ausgehend vom Thorium-232 (Halbwertszeit: 14 Milliarden Jahre), Abb. 26.

Eine vierte Zerfallsreihe, die Neptunium-Reihe, ist „ausgestorben", da deren Anfangsglied Neptunium-237 mit einer Halbwertszeit von 2,1 Millionen Jahren eine im Vergleich zum Alter der Erde zu kurze Halbwertszeit hat.

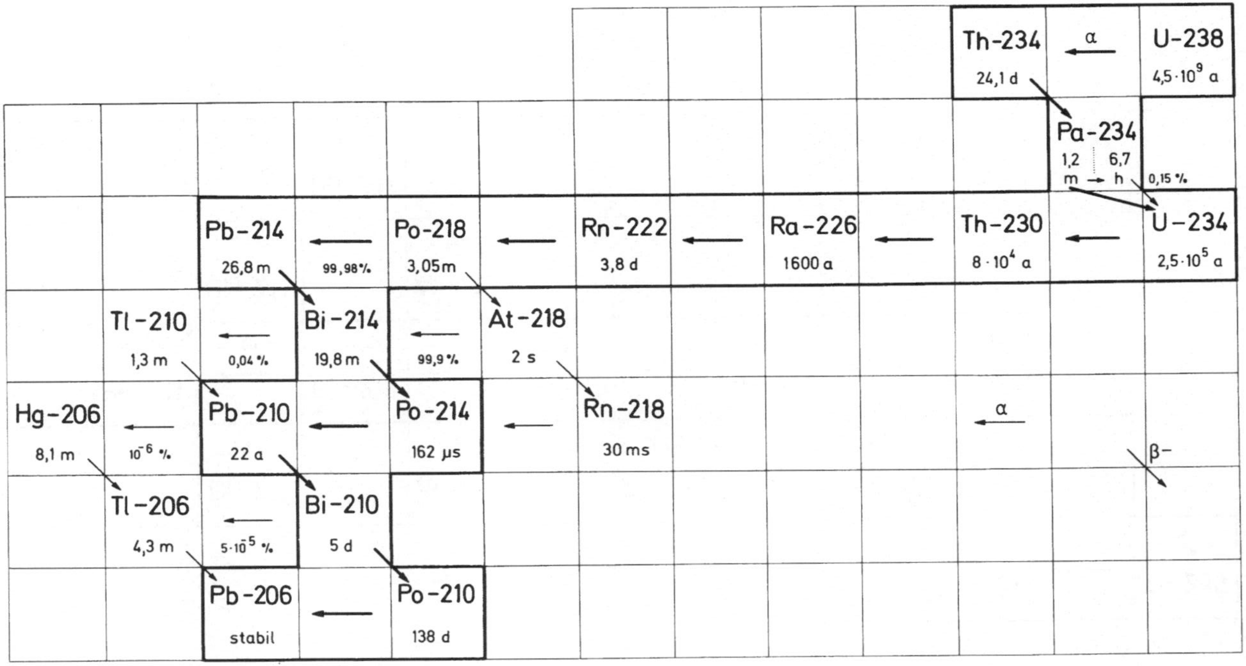

Abb. 24. Die Uran/Radium-Zerfallsreihe

49

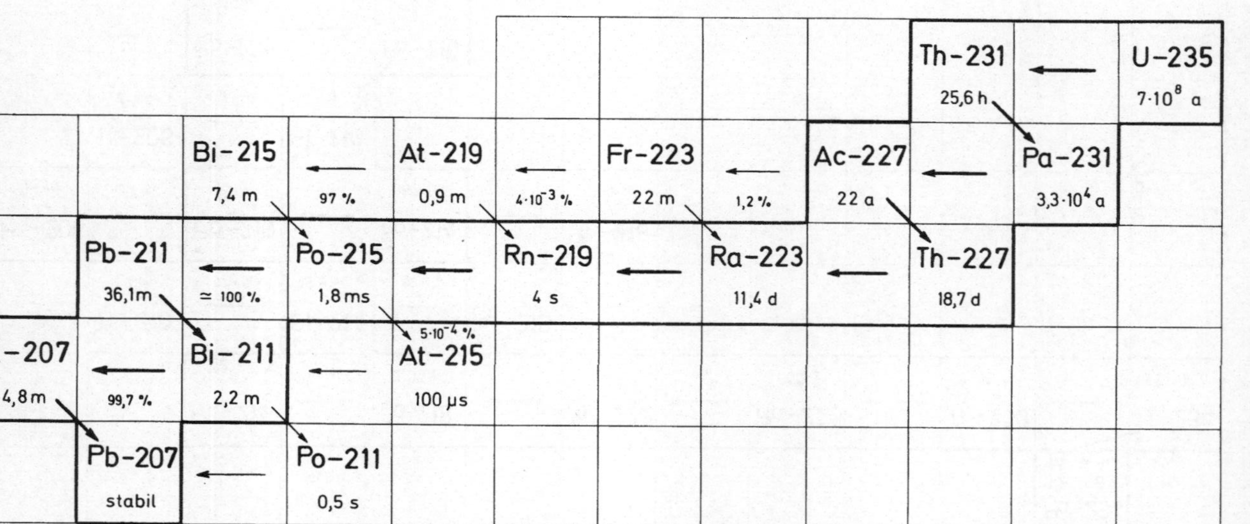

Abb. 25. Die Actinium-Zerfallsreihe

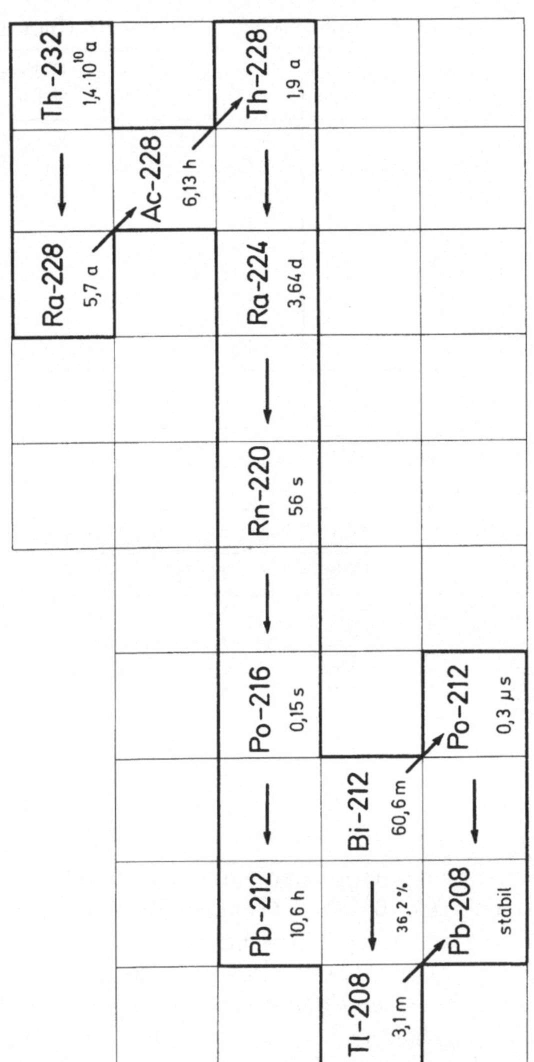

Abb. 26. Die Thorium-Zerfallsreihe

Neben den rund 50 Radionukliden, die einer der drei natürlichen Zerfallsreihen angehören, gibt es eine Zahl von primordialen („am Uranfang stehenden") Radionukliden überwiegend mittlerer Massenzahl mit zum Teil extrem langen Halbwertszeiten, z. B. Samarium-148, ein Alphastrahler, mit 7×10^{15} Jahren oder Tellur-128 und Tellur-130, beides Betastrahler, mit $1,5 \times 10^{24}$ bzw. 1×10^{21} Jahren

Tabelle 4. Natürliche primordiale Radionuklide außerhalb von Zerfallsreihen

Nuklid	Halbwertszeit [Jahre]	Nuklid	Halbwertszeit [Jahre]
K - 40	$1{,}3 \cdot 10^9$	Sm -148	$7 \cdot 10^{15}$
Rb - 87	$4{,}8 \cdot 10^{10}$	Gd -152	$1{,}1 \cdot 10^{14}$
In -115	$4 \cdot 10^{14}$	Lu -176	$3{,}6 \cdot 10^{10}$
Te -123	$1{,}2 \cdot 10^{13}$	Hf -174	$2 \cdot 10^{15}$
Te -128	$1{,}5 \cdot 10^{24}$	Ta -180	$1 \cdot 10^{13}$
Te -130	$1 \cdot 10^{21}$	Re -187	$5 \cdot 10^{10}$
La -138	$1{,}4 \cdot 10^{11}$	Os -186	$2 \cdot 10^{15}$
Nd -144	$2{,}1 \cdot 10^{15}$	Pt -190	$6{,}1 \cdot 10^{11}$
Sm -147	$1{,}1 \cdot 10^{11}$	Pb -204	$1{,}4 \cdot 10^{17}$

Tabelle 5. Typische Aktivitätskonzentrationen in verschiedenen Gesteinsarten

Gesteinsart	Aktivitätskonzentrationen [mBq/g]		
	K-40	Th-232	U-238
Granit	1000	80	60
Diorit	700	30	20
Basalt	250	10	10
Durit	150	25	0,4
Kalkstein	90	7	30
Sandstein	350	10	20
Tonschiefer	700	50	40

(Tabelle 4). Von diesen primordialen Nukliden kommt dem Kalium-40 (Halbwertszeit $1{,}3 \times 10^9$ Jahre) bezüglich der Strahlenexposition des Menschen eine besondere Bedeutung zu.

Die Strahlenexposition im Freien ist von der jeweiligen Aktivitätskonzentration im Boden und damit von der Gesteinsart abhängig. Der Radioaktivitätsgehalt im Urgestein ist höher als in Sedimentgestein, wobei allerdings manche Schiefer ähnlich hohe Aktivitätskonzentrationen aufweisen wie beispielsweise Granit (vgl. Tabelle 5).

Die Strahlendosis von der Gammastrahlung des Kalium-40 in 1 m Höhe über dem Boden mit einer K-40-Konzentration von 1 Bq/kg beträgt $0{,}4 \times 10^{-10}$ Gy/h. Die entsprechende Strahlendosis für Uran-238 und Thorium-232, bei radioaktivem Gleichgewicht aller Folgeprodukte in der jeweiligen Zerfallsreihe, beträgt $4{,}3 \times 10^{-10}$ bzw. $6{,}6 \times 10^{-10}$ Gy/h. Mit der über alle Bodenarten gemittelten Aktivitätskonzentration (vgl. Tabelle 6) errechnet sich eine durchschnittli-

Tabelle 6. Typische Konzentrationen von Kalium-40, Thorium-232 und Uran-238 in verschiedenen Bodenarten

Bodenart	Aktivitätskonzentration [mBq/g]		
	K-40	Th-232	U-238
Grauerde	650	50	35
Graubrauner Boden	700	40	30
Kastanienfarbiger Boden	550	40	25
Schwarzerde	400	40	20
Forstboden	400	25	20
Rasenpodsolboden	300	20	15
Bleicherde	150	10	7
Moorboden	100	7	7
Mittelwert	400	25	25

che Strahlenexposition durch Gammastrahlung im Freien von etwa 400 µGy/Jahr.

In vielen Ländern wurden Messungen der terrestrischen Strahlungskomponente durchgeführt. Bei einer in der Bundesrepublik Deutschland 1973/74 mit Szintillationszählern durchgeführten Untersuchung variieren die Meßwerte von 45 bis 4000 µGy/Jahr. Der der Bevölkerungsdichte entsprechend gewichtete Mittelwert der Dosisleistung beträgt 550 µGy/Jahr. Für 80% der Bevölkerung lagen die Dosisleistungswerte zwischen 300 und 700 µGy/Jahr, 1% der Bevölkerung war einer Strahlenexposition über 1000 µGy/Jahr ausgesetzt. Die Gebiete hoher und niedriger Expositionswerte nach diesen Untersuchungen sind in der Abb. 27 wiedergegeben.

Die Mittelwerte der Messungen in anderen Ländern liegen alle in einem relativ engen Bereich zwischen 330 µGy/Jahr (Polen) und 830 µGy/Jahr (DDR). Die Meßwerte sind wegen der unterschiedlichen Meßmethoden, Auswerteverfahren und des Umfangs der jeweiligen Meßprogramme nur bedingt vergleichbar.

In einigen Gebieten der Erde ist die Strahlendosis aufgrund der höheren Konzentration natürlich radioaktiver Stoffe wesentlich höher, z.B. in Frankreich, Indien, Brasilien und im Iran (Tabelle 7). Von besonderem Interesse ist hier ein etwa 250 km langer Streifen an der Südwestküste Indiens in den Staaten Kerala und Tamil Nadu. Die Ablagerungen dort sind reich an Monazit (Cerphosphat, $CePO_4$), das an einigen Stellen bis zu 10% Thorium enthält. In diesem Gebiet, in dem rund 70 000 Menschen leben, hat man einen Mittelwert der Energiedosis durch terrestrische Strahlung von 10 mGy/Jahr gefunden. Die Messungen mit Thermolumineszenzdosimetern bei über

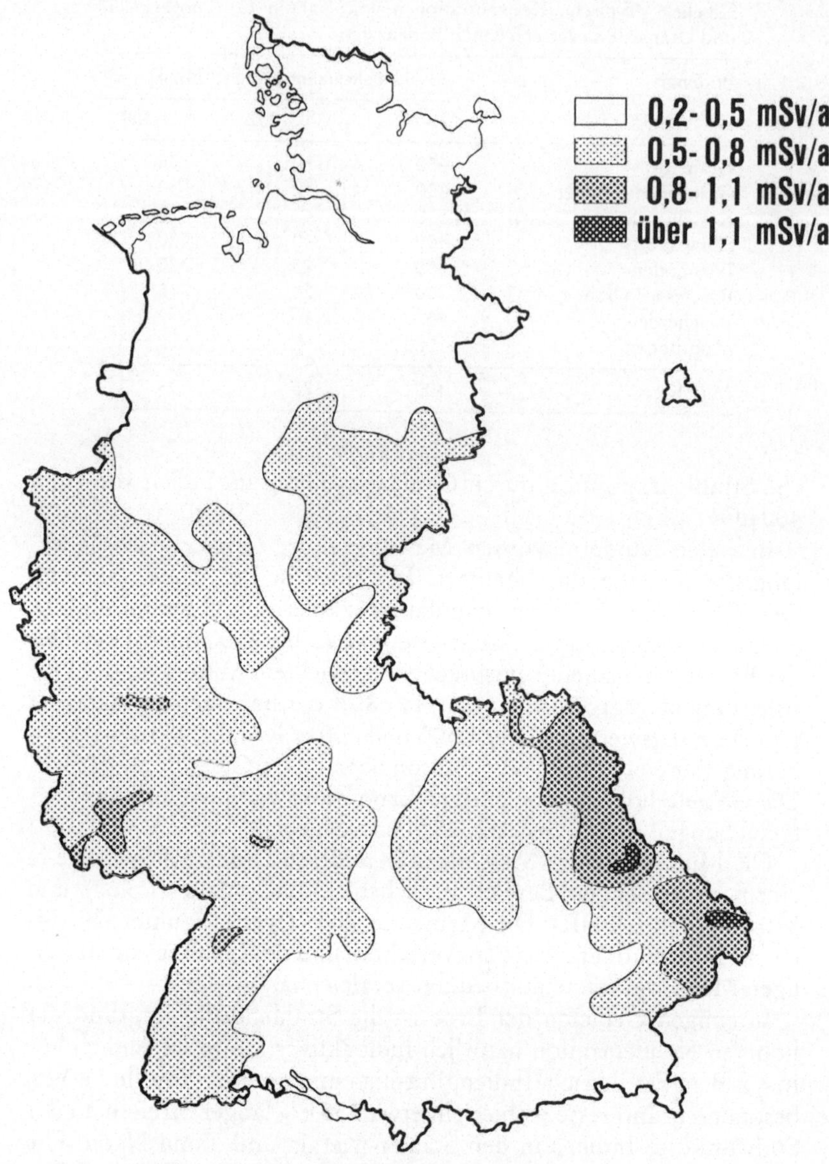

Abb. 27. Terrestrische Strahlendosis im Freien

Tabelle 7. Strahlendosis durch terrestrische Strahlung in verschiedenen Gebieten

Gebiet	Bewohner	mittl. effektive Dosis der Bevölkerung mSv/Jahr	maximale Energiedosis im Freien mGy/Jahr
Bundesrepublik Deutschland	$8 \cdot 10^7$	0,5	5
Indien – Kerala, Tamil Nadu	$7 \cdot 10^4$	4	55
Brasilien – Espirito Santo	$4 \cdot 10^4$	6	175
Iran – Ramsar	$5 \cdot 10^4$		450

8000 Personen ergaben dort eine mittlere Personendosis durch die terrestrische Strahlung von 3,8 mGy/Jahr. Etwa 5% der Einwohner sind einer Dosis um 10 mGy/Jahr, ca. 1% der Einwohner sind einer Exposition von über 25 mGy/Jahr ausgesetzt. Das ist die Hälfte des Maximalwertes für die, einer besonderen Strahlenschutzüberwachung unterliegenden, beruflich strahlenexponierten Personen.

An der brasilianischen Atlantikküste der Staaten Espirito Santo und Rio de Janeiro ist ebenfalls thoriumhaltiger Monazit für die sehr hohe Strahlenexposition verantwortlich. Die Mittelwerte der Dosisleistung in den Orten Guarapari und Meaipe liegen bei 8 mGy/Jahr. In Guarapari, 12 000 Einwohner und einige zehntausend Urlauber in der Ferienzeit, wurden am Strand Dosisleistungen bis zu 20 µGy/h, das sind 175 mGy/Jahr, gemessen. Im brasilianischen Staat Minas Gerais wurden in einer Region vulkanischen Ursprungs nahe der Stadt Poços de Caldas auf einem – unbewohnten – Hügel bis zu 250 mGy/Jahr festgestellt.

In ausgedehnten Granitbezirken in Frankreich führt der relativ hohe Thorium- und Urangehalt zu einer mittleren Strahlenexposition von 2,5 mGy/Jahr. Die in der Stadt Ramsar im Iran auf einem einige Quadratkilometer großen Gebiet gemessenen Strahlungswerte von 6 bis 450 mGy/Jahr sind auf einen außergewöhnlich hohen Radium-226 Gehalt zurückzuführen.

Das zum Hausbau verwendete Baumaterial hat einen nicht unerheblichen Einfluß auf die externe Strahlendosis durch natürlich radioaktive Stoffe. Zwar wirken Decken und Wände des Gebäudes einerseits als Abschirmung gegenüber der äußeren Strahlung, anderer-

Tabelle 8. Einfluß der Baumaterialien auf die Strahlenexposition in Wohngebäuden

Baustoff	zusätzliche Strahlenexposition [μSv/Jahr]
Holz	−200* bis 0
Kalksandstein, Sandstein	0 bis 100
Ziegel, Beton	100 bis 200
Naturstein, techn. erzeugter Gips	200 bis 400
Schlackenstein, Granit	400 bis 2000

* durch Abschirmung der Umgebungsstrahlung

seits kann die natürliche Radioaktivität vieler Baustoffe zu einer zusätzlichen Strahlenexposition führen (Tabelle 8). In Holz- und Fertighäusern heben sich die beiden Anteile gegenseitig auf, häufig überwiegt sogar der Abschirmungseffekt. In Massivhäusern führt der Aktivitätsgehalt der Baustoffe zu einer deutlich höheren Strahlenexposition.

In der Bundesrepublik Deutschland wurde in den Jahren 1973/74 zur genaueren Ermittlung dieses Anteils ein umfassendes Meßprogramm durchgeführt. Dabei wurde jede 500. Wohnung erfaßt, verteilt auf die verschiedenen Bundesländer und gegliedert nach Baumaterial und Alter der Wohnung.

Der Mittelwert der Energiedosis aller Messungen in Häusern liegt bei 700 μGy/Jahr, also um rund ein Drittel höher als im Freien. Es bestehen aber ausgeprägte regionale Unterschiede. So ist in Hamburg der Einfluß der Baustoffe auf die Dosis vernachlässigbar, im Saarland und in Teilgebieten von Rheinland-Pfalz ist die Dosis innerhalb der Wohnungen um über 60% höher als im Freien (Abb. 28, S. 159).

Wenn man annimmt, daß sich die Bevölkerung im Jahresmittel zu 20% im Freien und zu 80% in Häusern aufhält, so ergibt sich in der Bundesrepublik Deutschland eine mittlere Energiedosis durch die externe terrestrische Komponente von 670 μGy/Jahr. Der Umrechnungsfaktor von Energiedosis in effektive Äquivalentdosis liegt für die hierbei auftretenden Energien der Gammastrahlung bei 0,7, so daß sich eine mittlere effektive Äquivalentdosis für die Bevölkerung in der Bundesrepublik Deutschland durch die terrestrische Strahlung und Radioaktivität in den Baustoffen von rund 470 μSv/Jahr ergibt.

Das wissenschaftliche Komitee der Vereinten Nationen über die Wirkung ionisierender Strahlung (United Nations Scientific Committee on the Effects of Atomic Radiation; UNSCEAR) geht in seinem Bericht von 1982 davon aus, daß 95% der Weltbevölkerung durch terrestrische Strahlung eine effektive Äquivalentdosis zwischen 200 und 500 µSv/Jahr, im Mittel 350 µSv/Jahr, erhalten.

2. Strahlende Materie in unserem Körper

2.1 Radionuklide aus dem Weltall

Zusätzlich zu den primordialen Radionukliden und den Folgeprodukten aus dem Zerfall von Nukliden der natürlichen Zerfallsreihen entstehen überwiegend durch (n,p)-Reaktionen in den höheren Atmosphärenschichten ständig neue radioaktive Nuklide. Einen Überblick über die Vielzahl dieser kosmogenen Radionuklide gibt die Tabelle 9.

Tabelle 9. Kosmogene Radionuklide

Nuklid	Halbwertszeit	Nuklid	Halbwertszeit
H - 3	12,3 a	P -32	14,3 d
Be - 7	53,3 d	S -35	87,5 d
Be -10	$1,6 \cdot 10^6$ a	S -38	2,8 h
C -14	5730 a	Cl-34m	32 min
Na -22	2,6 a	Cl-36	$3 \cdot 10^5$ a
Na -24	15 h	Cl-38	37,2 min
Mg -28	20,9 h	Cl-39	56 min
Si -31	2,6 h	Ar-39	269 a
Si -32	101 a	Kr-85	10,7 a

Tabelle 10. Erzeugung und Verteilung der wichtigsten durch kosmische Strahlung erzeugten Radionuklide

	H-3	Be-7	C-14	Na-22
Halbwertszeit	12,3 a	53,3 d	5736 a	2,60 a
Produktionsrate [Atome/cm$^2 \cdot$ s]	0,25	$8,1 \cdot 10^{-2}$	2,3	$8,6 \cdot 10^{-5}$
Inventar [PBq]	1300	37	8500	0,4
prozentuale Verteilung:				
Stratosphäre	7	60	0,3	25
Troposphäre	1	11	1,6	2
Biosphäre	27	8	4	21
Meer, Mischungsschicht	35	20	2,1	44
Tiefsee	30	0,2	92	8

Die dauernde Neubildung und der radioaktive Zerfall führen in der Atmosphäre und den damit in ständigem Austausch stehenden Systemen zu einer Gleichgewichtskonzentration dieser Radionuklide. Von der Vielzahl der kosmogenen Radionuklide haben nur Tritium (Wasserstoff-3), Beryllium-7, Kohlenstoff-14 und Natrium-22 eine Bedeutung für die Strahlenexposition des Menschen. Einen Überblick über die Produktionsrate und die Verteilung dieser, durch kosmische Strahlung erzeugten, natürlichen Radionuklide gibt die Tabelle 10.

2.1.1 Tritium im Wasserkreislauf

Protonen und Neutronen der kosmischen Strahlung reagieren mit Stickstoff-, Sauerstoff- und Argonatomkernen in der Atmosphäre zu Tritium. Eine Hauptquelle ist dabei die Reaktion N-14 (n,H-3) C-12, die bei Neutronenenergien größer als 4,5 MeV abläuft. Die gesamte Tritiumproduktionsrate wird pro Quadratzentimeter der Erdoberfläche auf 0,25 Tritiumatome pro Sekunde geschätzt. Die gesamte Aktivität beträgt rund 1,3 EBq. Ca. 99% des Tritiums liegen in der Form von tritiumhaltigem Wasser (HTO) vor, das Tritium nimmt damit am normalen Wasserkreislauf teil.

Die heutzutage meßbaren Tritiumkonzentrationen stammen fast ausschließlich von künstlichem, bei atmosphärischen Kernwaffentests erzeugtem Tritium. Messungen, die vor der Zeit der atmosphärischen Kernwaffentests durchgeführt wurden, ergaben Tritiumkonzentrationen in Meerwasser um 100 Bq/m^3, in kontinentalen Oberflächengewässern von 200 bis 900 Bq/m^3. Diese höheren Konzentrationswerte erklären sich aus der Produktion von Tritium in der Atmosphäre.

Unter der Annahme, daß die spezifische Tritiumkonzentration im Körpergewebe der von Oberflächenwasser entspricht, errechnet sich eine durch das natürliche Tritium bedingte effektive Äquivalentdosis von 0,01 µSv/Jahr.

2.1.2 Beryllium-7 in der Luft

Der größte Anteil des auf 37 PBq geschätzten Be-7 mit einer Halbwertszeit von 53,3 Tagen befindet sich in der Atmosphäre. Messungen von Kolb von der Physikalisch-Technischen Bundesanstalt in Braunschweig ergaben saisonale Schwankungen der Be-7-Konzentration in der bodennahen Luft zwischen 4 mBq/m^3 im Frühjahr und 1,5 mBq/m^3 im Spätherbst. Die daraus berechnete jährliche Strahlendosis der Lunge beträgt für Erwachsene ungefähr 0,02 µSv/Jahr. Ein größerer Beitrag zur Strahlenexposition kommt vom Verzehr von Blattgemüse. Die Gesamtjahreszufuhr an Be-7 beträgt etwa 50 Bq, das entspricht einer effektiven Jahresäquivalentdosis von 3 µSv/Jahr.

2.1.3 Kohlenstoff-14 im Kohlenstoff-Kreislauf

Natürlicher Kohlenstoff-14 entsteht durch eine (n,p)-Reaktion von langsamen Neutronen der sekundären kosmischen Strahlung mit Stickstoff-14 (N-14 (n,p) C-14) in der oberen Atmosphäre. Der Produktionsrate von 1 PBq pro Jahr entspricht eine globale Aktivität des natürlichen C-14 von 8,5 EBq. Die Aktivität in der Atmosphäre beträgt etwa 150 PBq, entsprechend einer Masse von 10^3 kg. (Die Masse des stabilen C-12 in der Atmosphäre beträgt 6×10^{14} kg.) Dieses natürliche Verhältnis zwischen dem radioaktiven Kohlenstoff-14 und dem stabilen Kohlenstoff-12 in der Atmosphäre ist heutzutage durch zwei gegenläufige Effekte beeinflußt:

- Die massive Erzeugung von CO_2 durch das Verbrennen fossiler, C-14-armer Energieträger führt zu einer Vergrößerung des C-12-Anteils. Damit kommt es zu einer Verringerung des natürlichen Verhältnisses von C-14 zu C-12. Mitte der 50er Jahre ergab sich durch diesen sogenannten Suess-Effekt eine Reduktion der C-14-Aktivität pro kg Kohlenstoff in der Atmosphäre um zwei bis fünf Prozent.
- Kernwaffentests in der Atmosphäre und Ableitungen aus kerntechnischen Anlagen bedingen eine Erhöhung des C-14-Anteils in der Atmosphäre.

Messungen an Holz von Bäumen aus dem 19. Jahrhundert ergaben 227 Bq C-14 pro kg Kohlenstoff. Diese natürliche C-14-Konzentration ist über Jahrtausende weitgehend konstant. Aus den Messungen

Tabelle 11. Interne Strahlenexposition durch kosmogene Radionuklide

Organ	jährliche Energiedosis [µGy/Jahr] in verschiedenen Organen durch			
	H-3	Be-7	C-14	Na-22
Gonaden	0,01	5,7	5	0,14
Lunge	0,01	0,02	6	0,12
rotes Knochenmark	0,01	1,2	24	0,22
Knochenoberfläche	0,01		22	0,27
Schilddrüse	0,01		6	0,12
jährliche effektive Äquivalentdosis [µSv/Jahr]	0,01	3	12	0,2

an Baumringen und aus Sedimenten von Seen und Ozeanen kennt man eine Konzentrationsschwankung des natürlichen C-14 von rund 10% in einer Periode von zehntausend Jahren. Die Ursache dieser periodischen Schwankungen ist die zyklische Veränderung des Erdmagnetfeldes, das die Intensität der kosmischen Strahlung und damit auch die C-14-Produktion in der Atmosphäre beeinflußt.

Bei 227 Bq C-14 pro kg Kohlenstoff errechnet sich aus dem durchschnittlichen Kohlenstoffgehalt in den verschiedenen Körpergeweben eine effektive Jahresäquivalentdosis von 12 µSv/Jahr (siehe Tabelle 11).

2.1.4 Natrium-22 in Nahrungsmitteln

Die Produktionsrate von Natrium-22 und die Konzentration in der Atmosphäre sind bei einer gesamten Aktivität von nur 0,4 PBq deutlich niedriger als die von natürlich erzeugtem Tritium. Durch das Verhalten von Natrium-22 im Körper und die größere Zerfallsenergie ergibt sich allerdings ein höherer Dosisbeitrag. Die Jahreszufuhr an Natrium-22 mit Wasser und Nahrungsmitteln wird zu 50 Bq angenommen. Daraus berechnet sich eine effektive Dosis von 0,2 µSv/Jahr.

2.2 Die Radionuklide in der Erde

2.2.1 Die Nuklide der Zerfallsreihen von Uran und Thorium

Uran-238 ist das Ausgangsnuklid einer natürlichen Zerfallsreihe, die über 19 Zwischenstufen, darunter das Radium-226 (kurz „Radium"), zum stabilen Bleiisotop 206 führt. Beim Thorium-232 beginnt eine natürliche Zerfallsreihe mit 10 radioaktiven Folgeprodukten, die beim stabilen Blei-208 endet. Die vom Uran-235 ausgehende sogenannte Actinium-Reihe schließt nach 15 Radionukliden mit dem ebenfalls stabilen Blei-207 ab (siehe Abb. 24–26).

Die Nuklide dieser drei natürlichen Zerfallsreihen verursachen rund drei Viertel der gesamten natürlichen Strahlenexposition des Menschen. Nicht alle diese Radionuklide sind gleichermaßen an der Strahlendosis beteiligt. So kann der Beitrag von U-235 und seiner Folgeprodukte vernachlässigt werden. Aus dem Verhältnis der Halbwertszeiten beider Uranisotope ergibt sich unter Berücksichtigung der geringen Isotopenhäufigkeit des U-235 von nur 0,72% das für die Strahlenexposition relevante Aktivitätsverhältnis von U-238 zu U-235 mit 1 : 0,046. Andere Nuklide entstehen nur in so kleinen Anteilen, daß ihr Beitrag zur Dosis bedeutungslos bleibt; z.B. nur

Tabelle 12. Mittlere Organdosis durch die wichtigsten primordialen Radionuklide

| | Organdosen durch Inkorporation [μSv/Jahr] | | | |
	U-238-Reihe (ohne Rn-Inhalation)	Th-232-Reihe	Rb-87	K-40
Gonaden	120	2	10	180
Lunge	72	55	5	180
rotes Knochenmark	135	10	7	270
Knochenoberfläche	1060	120	14	140
Schilddrüse	120	2	3	100

0,75 millionstel Prozent der Zerfälle von Blei-210 führen zum Quecksilber-206.

Wesentlich für den jeweiligen Beitrag eines Nuklides zur gesamten Strahlenexposition sind natürlich sein metabolisches Verhalten im menschlichen Organismus und seine Zerfallsart. Die strahlenbiologische Wirkung der Alphastrahlung ist gegenüber Beta- und Gammastrahlung deutlich höher. Sie bewirkt bei gleicher Energiedosis eine zwanzigmal höhere Äquivalentdosis, die für Strahlenrisikobetrachtungen bedeutsam ist.

Die mit der Nahrung aufgenommenen Radionuklide der Zerfallsreihen von Uran und Thorium setzen die verschiedenen Organe und Gewebe des menschlichen Körpers einer unterschiedlichen Strahlendosis aus. Tabelle 12 gibt mittlere Werte. In der U-238-Reihe hat Polonium-210 den größten Beitrag zum Dosiswert. Nur Rubidium-87 und Kalium-40 führen von den insgesamt 18 primordialen Radionukliden außerhalb von Zerfallsreihen zu einer merklichen Strahlendosis.

2.2.2 Das gasförmige Radon

Radon-222 und Radon-220 sind natürlich radioaktive Gase. Rn-222 (kurz „Radon") gehört zur Uran-Zerfallsreihe. Es entsteht beim Zerfall von Radium-226. Rn-220 entsteht beim Zerfall von Ra-224 aus der Thorium-Reihe und wird deshalb häufig auch als „Thoron" bezeichnet. Radon und zu einem geringeren Anteil auch Thoron und deren Folgeprodukte tragen am meisten zur natürlichen Strahlenexposition des Menschen bei.

Zwischen 1980 und 1984 wurde in der Bundesrepublik Deutschland die Strahlenexposition durch Radon und seine Folgeprodukte gemessen. Dabei sind mehr als 20 000 Einzelmessungen in etwa 6000 Wohnungen durchgeführt worden. Die wichtigsten Radonquellen in Häusern waren das Erdreich unter dem Gebäude und die verwendeten Baumaterialien. Von bedeutendem Einfluß auf die Radonkonzentration ist die Luftaustauschrate in den Wohnungen. Die Radonkonzentration unterliegt stärker als die externe Gammastrahlung großen zeitlichen und regionalen Schwankungen.

Die Radonkonzentrationswerte in den 5970 untersuchten Wohnungen sind logarithmisch-normalverteilt mit einem Medianwert von 50 Bq/m^3. Der höchste Radonwert in einer Wohnung betrug 1100 Bq/m^3.

Vergleichbare Messungen im Ausland ergaben in Skandinavien und in der Schweiz höhere, in England und in den Niederlanden deutlich niedrigere Radonkonzentrationen.

Regionale Unterschiede in der Bundesrepublik sind geologisch bedingt. So findet man hohe Radonkonzentrationen u. a. in den ostbayerischen Granitgebieten und im Bereich der tertiären Vulkanite des Neuwieder Beckens. Dagegen findet man in Norddeutschland verhältnismäßig geringe Radonwerte (Abb. 29). Weiterhin ergeben sich Anhaltspunkte dafür, daß die Radonkonzentrationen in Häusern in Großstädten deutlich niedriger liegen als in ländlichen Gebieten.

Große Bedeutung haben offensichtlich konstruktive Merkmale eines Hauses. Hohe Radonwerte findet man bevorzugt in Einzelhäusern, die teilunterkellert oder ohne Keller sind, sowie in alten Häusern mit Naturstein oder Lehm als Wandbaustoff. Deutlich niedriger sind die Radonpegel in Leichtbau-Fertighäusern. Unterschiede zwischen verschiedenen Heizungs- und Fenstersystemen sind von geringer Bedeutung. Lediglich bei Wohnungen mit Einscheibenfenstern findet man wegen der größeren Luftaustauschrate z. T. leicht erniedrigte Radonwerte. Innerhalb eines Hauses nimmt die Radonkonzentration vom Keller nach höheren Etagen hin ab. Das ist ein Hinweis auf die Bedeutung des Bodens als Radonquelle.

Die jahreszeitlichen Schwankungen der Radonkonzentration mit einem Minimum im Sommer und einem Maximum in den frühen Wintermonaten sind mit den Lüftungs- und Heizungsgewohnheiten der Bewohner zu erklären.

Der Medianwert der Radonkonzentration im Freien ist etwa um den Faktor 3 kleiner als der Wert in Häusern. Er beträgt 14 Bq/m^3 und liegt damit deutlich über den bisher publizierten Werten. In der Bundesrepublik ist ein deutlicher Nord/Süd-Anstieg erkennbar, der sowohl durch unterschiedliche geologische Verhältnisse als auch durch meteorologische Einflüsse bestimmt sein kann.

Aus den gemessenen Radonkonzentrationen im Freien und in Häusern läßt sich unter Berücksichtigung der jeweiligen Aufenthalts-

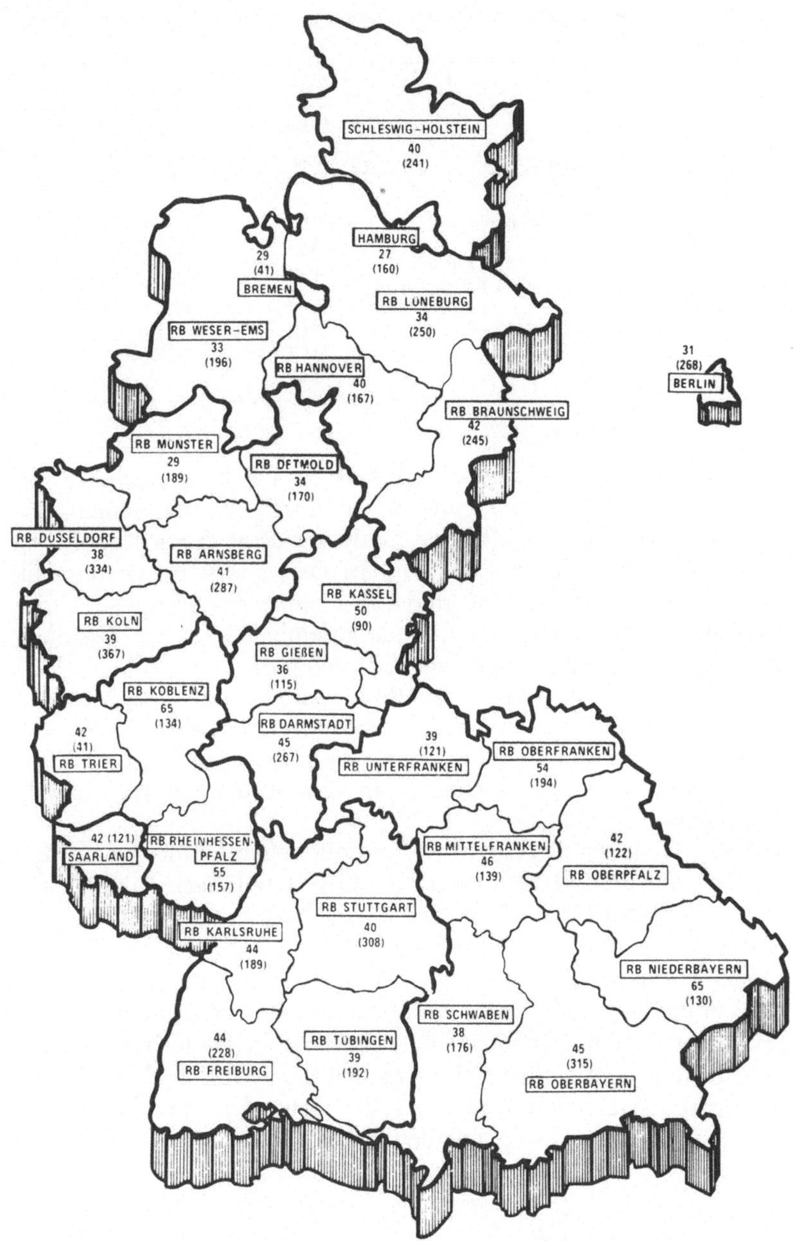

Abb. 29. Mittelwerte der Radonkonzentrationen [Bq/m³] in Häusern für die Regierungsbezirke in der Bundesrepublik Deutschland. Anzahl der untersuchten Wohnungen in Klammern

Tabelle 13. Veränderung der Radonkonzentration in der Raumluft durch ein Warm-wasserduschbad

Zeit (min)	Bemerkungen	Raumluftkonzentration [Bq/m^3]	
		Rn-222	Rn-222-Folgeprodukte
–	vor Duschbeginn	19	7,4
0	Beginn des Duschens	148	–
1	(Rn-Konzentration des Duschwassers: 4,4 MBq/m^3)	850	–
3		1890	–
5		2740	–
8	Ende des Duschens	3520	–
22		3100	2400
99		148	26

dauer und einem Gleichgewichtsfaktor für die Folgeprodukte von 0,35 der Mittelwert der Lungendosis zu 10 mSv/Jahr berechnen. Damit beträgt die mittlere effektive Äquivalentdosis durch Radon und dessen Zerfallsprodukte 1,3 mSv/Jahr. Der in der Bundesrepublik Deutschland zwischen 1980 und 1984 gemessene Höchstwert der Radonkonzentration führt bei Daueraufenthalt in dieser Wohnung zu einer Dosis für die Lunge von 280 mSv/Jahr.

Die Raumluftkonzentration an Radon und seinen Folgeprodukten kann kurzzeitig ansteigen, wie die Tabelle 13 am Beispiel der Freisetzung von Radon aus Leitungswasser beim Duschen zeigt. Die Radonkonzentration des Wassers ist in diesem Beispiel aus Kanada recht hoch.

In den Gebieten des alten Erz- und des neuen Uranbergbaus und in geologisch besonders interessanten Gebieten in Sachsen und Thüringen wurden 1991 in einem Screening-Programm die Radonkonzentration ermittelt. Die bisherigen Ergebnisse ergaben: Die Radonkonzentation in Gebäuden wird überwiegend vom geologischen Untergrund bestimmt. Hohe Werte wurden vor allem in Granit- und Zechsteingebieten gefunden. Die Ergebnisse in Häusern der Bergbaugebiete unterscheiden sich nicht signifikant von geologisch vergleichbaren Nichtbergbaugebieten. Bei Gebäuden auf Abraum des Altbergbaus wurden in Einzelfällen extrem hohe Radonwerte festgestellt.

2.2.3 Das Isotop Kalium-40

Von den natürlich radioaktiven Stoffen neben Radon und seinen Folgeprodukten ruft das Kalium-40 eine nicht unbeträchtliche Strahlendosis hervor. Im natürlichen Kalium kommt dieses Kalium-40-Isotop, Halbwertszeit etwa 1,3 Milliarden Jahre, mit einem Anteil von rund 0,012 Prozent vor.

Kalium ist ein lebenswichtiges Element für den Stoffwechsel. K-40 trägt neben einer äußeren auch zu einer inneren Strahlenexposition bei.

Beim erwachsenen Menschen beträgt die Kalium-Konzentration etwa 2 g pro kg Körpergewicht, so daß eine Person mit 75 kg insgesamt 150 g Kalium enthält. Daraus ergibt sich eine Aktivität durch den Kalium-40-Anteil im Körper von 4500 Bq. Das bedeutet, daß im statistischen Mittel in jeder Sekunde 4500 Kalium-40-Atomkerne zerfallen und die dabei freigesetzte Strahlung zu einer Strahlendosis im Organismus führt. Da nun das Kalium im Körper nicht überall gleich verteilt ist, es kommt z. B. im roten Knochenmark in deutlich höherer Konzentration vor, wird auch die Strahlendosis nicht in allen Körperteilen gleich sein. So errechnet sich für die meisten Organe eine Strahlendosis durch Kalium-40 von rund 150 µSv/Jahr und für das rote Knochenmark von knapp 300 µSv/Jahr.

Das natürliche Radioisotop Kalium-40 führt durch seine interne Bestrahlung zu einer mittleren effektiven Äquivalentdosis von 180 µSv/Jahr. Hinzu kommt die Dosis durch externe Bestrahlung von 120 µSv/Jahr. Damit entspricht die gesamte Strahlenexposition durch Kalium-40 etwa der durch die kosmische Strahlung.

2.2.4 Natürliche Spaltprodukte

Uran-238 zerfällt überwiegend unter Aussendung eines Alpha-Teilchens in Thorium-234 und ist damit Ausgangspunkt der Uran-Radium-Zerfallsreihe. Daneben besteht aber für Uran-238 noch eine sehr geringe Wahrscheinlichkeit, durch Spontanspaltung zu zerfallen. Durch diese Spontanspaltung sowie zusätzlich durch induzierte Spaltung durch die Neutronen der kosmischen Strahlung entstehen Spaltprodukte. Aus dem durchschnittlichen Urangehalt in den Gesteinen der Erdkruste läßt sich z. B. die Aktivität des natürlichen Spaltprodukts Strontium-90 zu rund 50 PBq berechnen. Trotz dieser großen Aktivitätsmenge, die etwa 10% der bei allen Kernwaffentests freigesetzten Sr-90-Menge entspricht, ist wegen der äußerst geringen Konzentration im Boden die daraus zu berechnende Strahlendosis für das Knochenmark mit einigen billionstel Sievert (pSv) vernachlässigbar klein.

Fossile Brennstoffe enthalten je nach Art und Herkunft in unterschiedlichen Konzentrationen natürlich radioaktive Stoffe, die bei der Verbrennung in die Biosphäre freigesetzt werden und so zu einer zusätzlichen Strahlendosis führen. Bei Holz, Erdöl und Erdgas sind die freigesetzten Mengen radioaktiver Stoffe im allgemeinen sehr gering und damit der Beitrag zur Strahlendosis völlig zu vernachlässigen, nicht so bei Steinkohle und Braunkohle. Dort ist zwar der durchschnittliche Gehalt an natürlich radioaktiven Stoffen geringer, als er im Mittel in den Gesteinen der Erdkruste angetroffen wird, aber durch die Verbrennung des Kohlenstoffs ergibt sich eine Konzentrationserhöhung der Aktivität in der Asche um etwa eine Größenordnung. Eine größere Anreicherung der natürlichen Aktivität findet man in der mit Verbrennungsgasen emittierten Flugasche. Die radioaktiven Atome lagern sich an den kleinen Flugaschepartikeln an, die von den Elektrofiltern weniger zurückgehalten werden.

Unterschiedliche Feuerungstechniken bei Braunkohle- und Steinkohlekraftwerken mit Temperaturen zwischen 1100 °C und 1800 °C führen durch die temperaturabhängige Flüchtigkeit der verschiedenen radioaktiven Stoffe zu einer stark variierenden Anreicherung in der Flugasche. Für ein Braunkohlekraftwerk wurden in der Bundesrepublik Deutschland Anreicherungsfaktoren von 5 für Thorium, Uran und Radium und von 10 bis 20 für Blei-210 und Polonium-210 gemessen. Die Anreicherung bei einem Steinkohlekraftwerk lag mit einem Faktor 5 bis 10 für Th, U und Ra bzw. 50 bis 150 für Pb-210 und Po-210 deutlich höher als beim Braunkohlekraftwerk.

Aus der Aktivität der Kohle, der Staubemissionsrate und dem Anreicherungsfaktor läßt sich unter Berücksichtigung des Wirkungsgrades des Kraftwerkes für eine erzeugte elektrische Energie von 1 Gigawatt-Jahr (GWa) die emittierte Aktivität von langlebigen, alphastrahlenden Flugstäuben zu 10 GBq bei einem Steinkohlekraftwerk und zu 1 GBq bei einem Braunkohlekraftwerk abschätzen.

Die emittierten Radionuklide bewirken eine externe Strahlenexposition durch die am Boden abgelagerten radioaktiven Stoffe und eine interne Strahlenexposition durch eingeatmete oder mit der Nahrung aufgenommene radioaktive Stoffe.

Die Inhalation der aus Kohlekraftwerken emittierten Radionuklide führt überwiegend zu einer Strahlendosis für die Knochenoberfläche, die Lunge und das Knochenmark, wobei die Dosisanteile überwiegend von Thorium und Polonium-210 kommen. Abhängig vom Standort und damit von den meteorologischen Bedingungen, kann man für ein Steinkohlekraftwerk bei einer erzeugten elektrischen Energie von 1 GWa (das sind 8,76 Milliarden kWh) eine effektive Äquivalentdosis am ungünstigsten Ort in der Umgebung von 0,5 bis 2 µSv berechnen. Die Dosisbeiträge durch Aufnahme radioaktiver Stoffe mit der Nahrung (hauptsächlich Blei-210 und Polonium-210) und durch äußere Bestrahlung (überwiegend Radionuklide der Thorium-Zerfallsreihe) betragen am ungünstigsten Ort in der Umgebung des Kraftwerks jeweils rund 50% der Inhalationsdosis. Das ergibt für eine Erzeugung von 1 GWa elektrischer Energie eine gesamte effektive Äquivalentdosis von 1 bis 4 µSv. Aufgrund der geringeren Emission und einer anderen Nuklidzusammensetzung des Brennmaterials ist der entsprechende Wert für Braunkohlekraftwerke etwa um den Faktor 5 geringer anzusetzen.

Bei der in der Bundesrepublik Deutschland im Jahr 1983 erzeugten elektrischen Energie von 12 GWa aus Steinkohle und 10 GWa aus Braunkohle läßt sich durch die Emission natürlich radioaktiver Stoffe aus diesen Kraftwerken eine mittlere effektive Äquivalentdosis von 0,5 bis 1 µSv je Einwohner für die Bundesrepublik Deutschland abschätzen.

Das wissenschaftliche Komitee der Vereinten Nationen über die Wirkungen ionisierender Strahlen (UNSCEAR) hat berechnet, daß durch den weltweiten Kohleeinsatz zur Stromerzeugung (70%) die gesamte zusätzliche Strahlendosis für die Weltbevölkerung etwa 2000 Sv beträgt. Die 5% der Weltproduktion an Kohle, die im privaten Bereich eingesetzt werden, verursachen wegen fehlender Filterung und der höheren Konzentration radioaktiver Stoffe in unmittelbarer Wohnungsnähe eine weitaus höhere Strahlenbelastung. Man schätzt die effektive Äquivalentdosis für die Weltbevölkerung auf größenordnungsmäßig hunderttausend Sievert, also 50mal höher als durch die industrielle Nutzung.

Es bleibt anzumerken, daß durch die Verbrennung von Kohle und anderen fossilen Brennstoffen die spezifische Aktivität des natürlichen Kohlenstoff-14 im gesamten Kohlenstoff zuerst in der Atmosphäre und dann auch in der Biosphäre reduziert wird und damit auch die Strahlendosis durch dieses kosmogene Radionuklid zurückgeht, da sich die Aufnahme des radioaktiven C-14 in den Körper entsprechend verringert. Wie weit diese Dosisreduktion geht, hängt natürlich von der zukünftigen weltweiten Verbrauchsrate aller fossilen Brennstoffe und der damit verbundenen Freisetzung von C-14-freiem Kohlendioxid ab. Bis zum Jahr 1970 ergab sich eine Reduktion der durch natürliches C-14 hervorgerufenen Dosis um 6%, entsprechend rund 0,7 µSv/Jahr. Bis zum Jahr 2000 wird eine Abnahme um

Tabelle 14. Mittlere natürliche Strahlenexposition in der Bundesrepublik Deutschland

	Jährliche effektive Äquivalentdosis [µSv/Jahr] Bestrahlung		
	von außen	von innen	gesamt
kosmische Strahlung			
– ionisierende Komponente	280		280
– Neutronen	20		20
kosmogene Radionuklide		15	15
primordiale Radionuklide			
^{40}K	120	180	300
^{87}Rb		5	5
^{238}U-Reihe			
^{238}U$\rightarrow$^{226}Ra		30	
^{222}Rn$\rightarrow$^{214}Po	90	1100	1350
^{210}Pb$\rightarrow$^{210}Po		130	
^{232}Th-Reihe			
^{232}Th$\rightarrow$^{224}Ra	140	20	380
^{220}Rn$\rightarrow$^{208}Tl		220	
gesamt	650	1700	2400

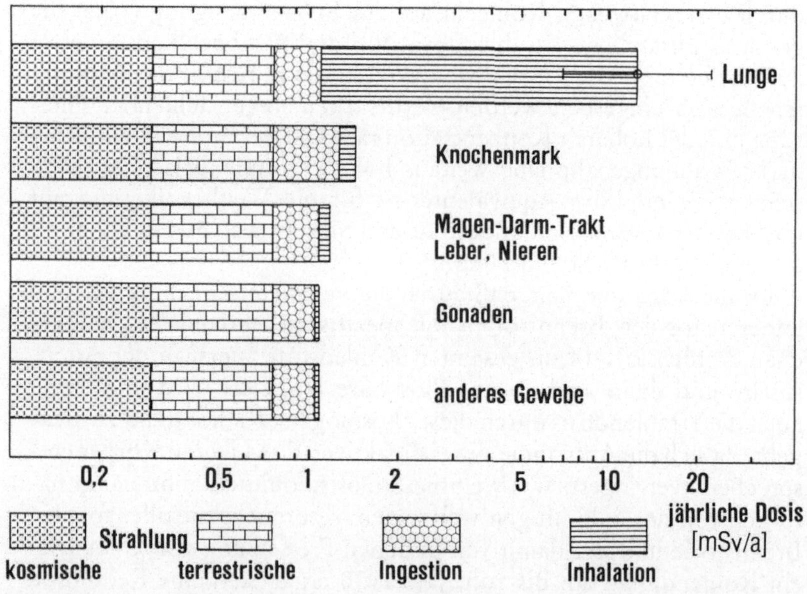

Abb. 30. Mittlere natürliche Strahlenexposition für verschiedene Körperorgane

25% der vorindustriellen Dosis durch C-14 erwartet, allerdings unter der Annahme einer stark steigenden Nutzung fossiler Brennstoffe. Sollte diese Verbrauchsschätzung zutreffen, so ergäbe sich daraus eine Dosisreduktion um 3 µSv/Jahr.

3. Wir fassen zusammen: Die natürliche Strahlenexposition

Zur effektiven Äquivalentdosis aus allen natürlichen Strahlungsquellen trägt die externe Strahlenexposition zu einem Viertel und die interne Strahlenexposition zu drei Viertel bei. Die Dosis durch externe Bestrahlung stammt zu rund 50% von der kosmischen Strahlung und zu je 25% von Kalium-40 und den Nukliden der Uran- und Thorium-Reihe. Die effektive Äquivalentdosis durch inkorporierte Radionuklide wird zu etwa 65% durch Radon-222 und seine kurzlebigen Folgeprodukte verursacht, dann folgen Thoron (Rn-220) und dessen Folgeprodukte mit 13%, Kalium-40 mit 10% und Polonium-210 mit 8% (Tabelle 14). Die mittlere natürliche Strahlenexposition der verschiedenen Organe ist in Abb. 30 wiedergegeben.

Individuelle, lokale und regionale Abweichungen von diesen mittleren Werten können erheblich sein. So ist beispielsweise die Strahlendosis für Kinder infolge Radoninhalation deutlich höher als die angegebenen, für Erwachsene berechneten Mittelwerte. Wünschenswerte Energiesparmaßnahmen durch Abdichten von Häusern, um eine kleinere Luftaustauschrate zu erreichen, führen zu höheren Strahlendosen durch Radon. Reduziert man den Luftwechsel von einmal auf 0,3 mal pro Stunde, so verdreifacht sich die Lungendosis durch die höhere Radonkonzentration in den Räumen. Die Strahlendosis durch die kosmische Strahlung ist abhängig von der Höhe über dem Meer. Sie ist auf der Zugspitze viermal höher als auf Helgoland. Und durch die höhere Konzentration radioaktiver Stoffe in manchen Gesteinen, z.B. Granit, ist die externe terrestrische Bestrahlung regional sehr verschieden.

In der Bundesrepublik Deutschland wird für die meisten Einwohner die effektive Äquivalentdosis zwischen 1,5 und 4 mSv/Jahr liegen, mit einem mittleren Wert von 2,4 mSv/Jahr.

IV. Vom Menschen erzeugte und genutzte Strahlenquellen

1. Ionisierende Strahlen in der medizinischen Praxis

Die Röntgendiagnostik ist die älteste Anwendung ionisierender Strahlen. In der Ausgabe vom 30. Januar 1896 der Deutschen Medicinischen Wochenschrift, vier Wochen nach der Veröffentlichung von W. C. Röntgen „Über eine besondere Art von Strahlen", wird über die erfolgreiche Lokalisierung eines Glassplitters am Gelenk des Mittelfingers der linken Hand berichtet. Kurz danach wird in der gleichen Zeitschrift darauf hingewiesen, daß der noch größere Vorteil der Entdeckung darin besteht, „diagnostische Bilder von Erkrankungen zu verwerthen", deren frühe Diagnose im allgemeinen schwierig ist. Die in den letzten Jahrzehnten beobachteten hohen jährlichen Zuwachsraten in der Anwendung röntgendiagnostischer Verfahren sind entweder ganz zum Stillstand gekommen oder durch den Einsatz anderer Untersuchungsverfahren rückläufig. Das ist sicher auch auf eine kritische Bewertung der im Zusammenhang mit dem „Röntgen" verabreichten Strahlendosis zurückzuführen.

1.1 Medizinische Diagnose mit Röntgenstrahlung

Von allen Anwendungsgebieten ionisierender Strahlen in der Medizin trägt die Röntgendiagnostik am meisten zur zivilisatorischen Strahlenexposition der Bevölkerung bei. Ein Durchschnittswert der dabei auftretenden Strahlendosis ist schwierig anzugeben, da die Einzeldosis je nach der speziellen medizinischen Situation, der verwendeten Technik, der Feldgröße bei der Bestrahlung, der Zahl der Aufnahmen je Untersuchung und vieler anderer Faktoren variiert. Zusätzlich besteht noch das generelle Problem, welche mittlere Strahlendosis zu ermitteln und über welche Personengruppen zu mitteln ist.

Relativ einfach ist noch die Abschätzung der mittleren genetisch signifikanten Dosis. Sie ist definiert als die Summe der mit dem sogenannten genetischen Wichtungsfaktor multiplizierten Werte der

Keimdrüsendosen aller Angehörigen einer Bevölkerungsgruppe, dividiert durch deren Anzahl. Dabei ist im genetischen Wichtungsfaktor die mittlere Kindererwartung der strahlenexponierten Personen in Abhängigkeit von ihrem Alter berücksichtigt. Bei der Ermittlung der genetisch signifikanten Dosis wird also berücksichtigt, daß bei gleicher Strahlendosis der Fortpflanzungsorgane die Wahrscheinlichkeit eines Erbschadens bei Bestrahlung jüngerer Personen größer ist als bei älteren.

Das Bundesgesundheitsamt gibt für die Bundesrepublik Deutschland den Mittelwert der genetisch signifikanten Strahlendosis durch Röntgendiagnostik mit 0,5 mSv/Jahr an. Es wird aber betont, daß durch eine regional stark unterschiedliche Anwendungshäufigkeit, durch regional verschiedene Altersstrukturen und durch das jeweilige diagnostische Verfahren die Schwankung dieses Wertes etwa 50% beträgt.

Ionisierende Strahlung kann neben genetischen auch somatische Schäden verursachen. Zur Ermittlung des somatischen Strahlenrisikos bietet sich das von der Internationalen Strahlenschutzkommission 1977 entwickelte Konzept der effektiven Äquivalentdosis an. Diese Größe ermöglicht eine einheitliche Bewertung von gleichförmiger und ungleichförmiger Strahlenexposition des Körpers. Zur Berechnung der effektiven Äquivalentdosis werden die einzelnen Organdosiswerte nach Multiplikation mit einem Wichtungsfaktor addiert. Diese Wichtungsfaktoren, die die jeweilige Strahlenempfindlichkeit des Organs berücksichtigen, sind aus über beide Geschlechter und alle Altersgruppen gemittelten Strahlenrisikokoeffizienten hergeleitet. Da insbesondere die Altersverteilung der aus medizinischen Gründen strahlenexponierten Personen von der Standardzusammensetzung der Gesamtbevölkerung abweicht, ist die Anwendung des Effektivdosis-Konzepts auf die Strahlenexposition durch die Röntgendiagnostik umstritten. Dennoch bietet, auch wegen des Fehlens besserer Konzepte, die Bestimmung der mittleren effektiven Äquivalentdosis eine Hilfe für die Risikobewertung durch diese medizinische Strahlenexposition.

Die Röntgendiagnostik führt in der Bundesrepublik Deutschland jährlich zu etwa zwei Röntgenaufnahmen oder Durchleuchtungen pro Einwohner. Die Energiedosis für die einzelnen Organe und Gewebe beträgt, abhängig von der Untersuchungsart, 0,01 bis 500 mGy.

Aus den verfügbaren Daten der Organdosen kann man für die meisten Röntgenuntersuchungen eine effektive Äquivalentdosis im Bereich zwischen 0,05 und 10 mSv pro Untersuchung berechnen. Die mittlere effektive Äquivalentdosis pro Einwohner schätzt man in

Deutschland auf rund 1,5 mSv/Jahr, in Japan auf 1,8 mSv/Jahr (1974) und in Großbritannien auf 0,5 mSv/Jahr (1978) bzw. revidiert auf 0,25 mSv/Jahr (1984, National Radiological Protection Board). Die Schwankungsbreite beträgt rund 50%.

Tabelle 15 enthält Orientierungswerte (Abweichung bis zu einem Faktor 10) über die Strahlendosis bei Röntgenuntersuchungen abhängig vom Anwendungsbereich. Eine verbesserte Untersuchungstechnik, z. B. höhere Empfindlichkeit des Aufnahmematerials, beeinflußt die Strahlenexposition. Das zeigt Tabelle 16 am Beispiel der Mammographie. Insbesondere durch die Computer-Tomographie – die größte Verbesserung in der diagnostischen Radiologie seit der Entdeckung der Röntgenstrahlen überhaupt – ist für bestimmte Untersuchungen eine Dosisreduktion zu erwarten.

Tabelle 15. Mittlere Strahlendosis bei Röntgenuntersuchungen

Anwendungsbereich	Hautoberflächendosis [mSv]	Knochenmarkdosis [mSv]	Keimdrüsendosis [mSv]	
			weibl.	männl.
Herzkatheter	410	90	36	17
Nierenangiographie	300	10	30	12
Magen/Darm	160	7	4	1,4
Gallenblase	45	1	5	0,4
Lendenwirbelsäule	35	0,6	3	1,3
Becken	20	1	4	2
Lunge	1	0,2	0,03	0,01

Tabelle 16. Strahlenexposition bei der Mammographie

	Energiedosis [mGy] Untersuchung mit	
	folienlosem Film	Low-Dose-Technik
Oberflächendosis		
Mittelwert	87	9
Maximalwert	257	28
Minimalwert	28	3
Gewebedosis		
Mittelwert	17	4
Maximalwert	29	6
Minimalwert	9	1

1.2 Die Anwendung von Radioisotopen und die Strahlentherapie

Der Dosisbeitrag für die Bevölkerung durch die Strahlentherapie und die Anwendung radioaktiver Stoffe zur Diagnose (Nuklearmedizin) ist gegenüber dem durch die Röntgendiagnostik vergleichsweise gering. Die genetisch signifikante Dosis der Strahlentherapie schätzt man auf weniger als 1% des röntgendiagnostischen Beitrags. Obwohl bei der Therapie eine hohe Dosis im bestrahlten Zielgewebe von 20 bis 60 Gy bei fraktionierter Bestrahlung erforderlich ist, ergibt sich wegen des überwiegenden Anteils älterer Personen – und damit bedingter geringer Kindererwartung – ein fast vernachlässigbarer Beitrag zur genetisch signifikanten Dosis. Effektive Äquivalentdosen

Tabelle 17. Mittlere Strahlenexposition des Erwachsenen bei nuklearmedizinischen Untersuchungen

Untersuchung	Radio-nuklid	angewendete Aktivität [MBq]	Energiedosis [mGy]		
			Keim-drüsen	Knochen-mark	im untersuchten bzw. kritischen Organ
Schilddrüsen-Szintigraphie	^{99m}Tc	40	0,15	0,2	4 Schilddrüse
	^{131}I	2	0,08	0,2	1000 Schilddrüse
	^{123}I	8	0,04	0,1	40 Schilddrüse
Nieren-Szintigraphie	^{99m}Tc	200	0,3	0,5	5 Nieren 18 Blasenwand
	^{131}I	20	0,25		60 Blasenwand 240 Schilddrüse
Leber-Szintigraphie	^{99m}Tc	50	0,1	0,4	5 Leber 3 Milz
	^{198}Au	5	0,2	4	60 Leber 20 Milz
Lungen-Szintigraphie	^{99m}Tc	80	0,1	3	4 Lungen
	^{131}I	10	1,3	1,5	20 Lungen
Bauchspeichel-drüsen-Szintigraphie	^{75}Se	10	25	25	60 Leber 35 Bauchspeicheldrüse

durch die Strahlentherapie können nicht berechnet werden, da das Effektivdosis-Konzept auf die Gruppe der therapeutisch bestrahlten Personen nicht anwendbar ist.

Die Tabelle 17 enthält die zu erwartende Energiedosis für einzelne Organe, abhängig von der verwendeten szintographischen Untersuchungsmethode. Die Szintigraphie bestimmt die räumliche Verteilung eines radioaktiven Präparates. Heute wird vorwiegend das weniger belastende Technetium (Tc-99 m) verwendet. In Berlin und München wurden im Jahre 1978 zwischen 34 und 38 In-vivo-Untersuchungen mit Radionukliden pro 1000 Einwohner durchgeführt. Diese Zahl von Untersuchungen dürfte sich in den letzten Jahren nicht wesentlich verändert haben.

Für die effektive Äquivalentdosis ergibt sich daraus ein Beitrag, der bei wenigen Prozent des Anteils aus der Röntgendiagnostik liegt. Es ist daher gerechtfertigt, den gesamten Beitrag zur Strahlenexposition durch Röntgendiagnostik, Strahlentherapie und Nuklearmedizin mit einer jährlichen effektiven Äquivalentdosis von 1,5 mSv je Einwohner anzusetzen. Ionisierende Strahlen in der Medizin stellen den wesentlichen Anteil an der Strahlenbelastung aus künstlichen Quellen. Durch neue Verfahren, eine verbesserte Gerätetechnik und -kontrolle sowie eine strenge Indikationsstellung können die Individual- und die Kollektivdosis weiter reduziert werden.

2. Kernwaffentests erzeugen Radioaktivität

Kernwaffenexplosionen erzeugen sehr viel Radioaktivität durch die entstehenden Spalt- und Aktivierungsprodukte. Die Aktivität der Spaltprodukte ist dabei der Sprengkraft von Kernspaltungswaffen, die Aktivität der überwiegend durch Neutronenaktivierung entstehenden Radionuklide H-3 und C-14 der Sprengkraft von Kernfusionswaffen (Wasserstoffbomben) proportional. Die Sprengkraft von Kernwaffen wird in TNT-Äquivalenten angegeben; TNT (Trinitrotoluol) ist ein chemischer Sprengstoff. Die Aktivität pro Kilotonne (kt) TNT-Äquivalent ist für einige wichtige Radionuklide in Tabelle 18 aufgelistet.

Neben diesen Spalt- und Aktivierungsprodukten sind für die Strahlenexposition auch die bei der Explosion aus dem Uran-238 entstehenden Plutoniumisotope Pu-239, Pu-240 und Pu-241 sowie der Teil des nicht gespaltenen Bombenmaterials Pu-239 bedeutend. Aus den Messungen der Plutoniumkonzentrationen im Boden berechnet man etwa 3 Tonnen weltweit verteiltes Plutonium.

Tabelle 18. Spaltproduktaktivität durch Atombomben

Nuklid	Halbwertszeit	Aktivität [TBq pro kt Sprengkraft]
Sr- 89	50,5 d	590
Sr- 90	28,5 a	4
Zr- 95	64 d	920
Ru-103	39,4 d	1500
Ru-106	368 d	78
I-131	8 d	4200
Cs-137	30,2 a	6
Ce-141	32,5 d	1600
Ce-144	285 d	190

Bis Ende 1984 wurden über 420 Kernwaffen oberirdisch getestet; genaue Angaben sind nicht zu erhalten, da nicht alle Tests bekanntgegeben werden. Die radioaktiven Stoffe wurden dabei in die Atmosphäre freigesetzt. Insgesamt schätzt man die Sprengkraft auf 550 Mt TNT-Äquivalent, davon beträgt der Anteil durch Kernspaltung etwa 220 Mt. Die nach Zahl und Sprengkraft größten Kernwaffentests wurden 1961/62 durch die Vereinigten Staaten von Amerika und die Sowjetunion durchgeführt: 127 Explosionen mit einer Sprengkraft von 440 Mt. Nach dem am 10. Oktober 1963 in Kraft getretenen Teststoppabkommen haben die Vereinigten Staaten, die Sowjetunion und Großbritannien oberirdische Atomwaffentests eingestellt. Lediglich durch Frankreich und die Volksrepublik China sind seitdem noch 63 oberirdische Kernwaffentests mit einer gesamten Sprengkraft von etwa 33 Megatonnen TNT durchgeführt worden.

Die unterirdischen Tests von Kernwaffen dauern an. Bis Ende 1983 sind etwa 860 unterirdische Tests durchgeführt worden. Da diese unterirdischen Tests keine radioaktiven Stoffe in die Atmosphäre freisetzen, sind sie für die Strahlenexposition der Bevölkerung unerheblich. Seit der ersten Explosion einer Atombombe am 16. Juli 1945 – dem Trinity-Test in Alamogordo, New Mexico – wurden rund 1250 nukleare Waffen gezündet, in 40 Jahren also alle 12 Tage eine Nuklearexplosion.

Bei oberirdischen Kernwaffenexplosionen werden die freigesetzten radioaktiven Spalt- und Aktivierungsprodukte, die aus relativ großen Schwebstoffpartikeln bestehen, meist innerhalb von einhundert Kilometern wieder zu Boden sinken. Abhängig von der Explosionshöhe und der Sprengkraft kann dieser lokale Fallout bis zu 50% der gesamten Aktivität enthalten. Kleinere Schwebstoffe werden über die Tropopause, das ist die Schicht zwischen Troposphäre und Stratosphäre, hinaus in die Stratosphäre bis zu einer Höhe von 50 km transportiert. In der Tropopause beträgt die mittlere Verweilzeit der Schwebstoffe etwa 30 Tage. Die Durchmischung der Aktivitätswolke mit der Umgebungsluft bleibt relativ gering. Die radioaktiven Schwebstoffe in der Tropopause werden durch die Windströmungen in weitgehend gleichbleibender geographischer Breite um die Erde transportiert. Für einen Umlauf benötigt die Aktivitätswolke in unseren Breiten etwa 3 Wochen. Dieser Umlauf konnte bei manchen Kernwaffentests mehrmals registriert werden.

Die Schwebstoffe in der unteren Stratosphäre haben mittlere Verweilzeiten bis zu 12 Monaten, wobei in den Frühjahrsmonaten ein besonders starker Austausch mit den tieferen Schichten erfolgt. In den oberen Stratosphärenschichten verbleiben die radioaktiven Schwebstoffe einige Jahre. Die Zirkulation der Luftmassen der Stratosphäre sorgt für eine globale Verteilung. Der Luftaustausch transportiert die radioaktiven Schwebstoffe in die Troposphäre, von wo sie durch die Gravitation und den Regen auf den Boden gelangen. Dieser weltweite Fallout führt zu einer weltweiten Kontamination mit langlebigen Spaltprodukten, die überwiegend zur Strahlenexposition der Bevölkerung durch die Kernwaffentests beitragen. Dabei kommt es zu einer externen Bestrahlung durch die auf dem Boden abgelagerten radioaktiven Stoffe und zu einer internen Bestrahlung durch die Inhalation von Schwebeteilchen oder den Verzehr von kontaminierten Nahrungsmitteln (Tabelle 19).

Die externe Bestrahlung kommt etwa zur Hälfte von der Gammastrahlung einiger kurzlebiger Nuklide: Zirkonium (Zr)-95, Niob

Tabelle 19. Bei oberirdischen Kernwaffenexplosionen bisher freigesetzte Aktivität und daraus resultierende Strahlendosis

Nuklid	freigesetzte Aktivität [EBq]	Effektive Folgedosis [μSv]	
		extern	gesamt
H- 3	240		50
C- 14	0,22		2600
C- 14		bis zum Jahr 2020	260
Sr- 90	0,6		180
Zr- 95	150	290	290
Ru-106	12	90	140
I-131	700		50
Cs-137	1	600	880
Ce-144	30		90
Pu-239/240	0,01		70

(Nb)-95, Ruthenium (Ru)-103 und Barium (Ba)-140 und durch das langlebige Cäsium (Cs)-137. Der Fallout an kurzlebigen Nukliden aus der Troposphäre verursacht regionale Unterschiede in der Strahlendosis. So haben z. B. die großen sowjetischen Kernwaffentest auf Nowaja Zemlja mehr Fallout in den hohen nördlichen Breiten gebracht. Für mittlere Breiten der nördlichen Erdhalbkugel schätzt man die gesamte effektive Äquivalentdosis durch externe Bestrahlung auf 1,1 mSv, eine mögliche Abschirmung durch Gebäude wurde berücksichtigt. Über drei Viertel dieser Dosis haben wir bereits erhalten, der restliche Anteil folgt noch aus dem Zerfall des langlebigen Cs-137. Auf der südlichen Erdhalbkugel ist diese Strahlendosis geringer, da weniger Tests durchgeführt werden. Auch erfolgt der Luftaustausch in der Stratosphäre zwischen nördlicher und südlicher Erdhalbkugel langsam. Berechnungen für die externe Dosis ergeben mit rund 250 µSv nur rund ein Viertel des Wertes für die nördliche Hemisphäre. Dies ist in recht guter Übereinstimmung mit Messungen in England und Argentinien.

Die interne Exposition ohne die Strahlendosis durch C-14, das wegen seines Verhaltens gesondert zu betrachten ist, berechnet sich zu rund einem Viertel aus der Inhalation und zu drei Vierteln aus der Ingestion radioaktiver Fallout-Nuklide.

Die für die Bewohner in mittleren Breiten der nördlichen Hemisphäre auf 220 µSv geschätzte effektive Folgedosis durch Inhalation wird zu etwa gleichen Teilen von Ru-106, Cer(Ce)-144, Pu-239/240 sowie dem Rest aller anderen Nuklide hervorgerufen.

Zur Strahlenexposition durch die Aufnahme von Fallout-Nukliden mit Wasser und Nahrungsmitteln tragen – in der Reihenfolge des Dosisbeitrags – Cs-137, Sr-90, I-131 und H-3 maßgebend bei.

Mit der Nahrung aufgenommenes Cs-137 wird schnell und fast vollständig vom Körper resorbiert. Es verteilt sich weitgehend gleichmäßig im Weichteilgewebe, wird aber kaum ins Fettgewebe und in die Knochen eingebaut. Die biologische Halbwertszeit von Cäsium, das ist die Zeitspanne, in der durch Stoffwechselvorgänge die Hälfte der aufgenommenen Menge wieder ausgeschieden wird, ist alters- und geschlechtsabhängig: Sie beträgt im Mittel 110 Tage. Abbildung 31 zeigt die Meßergebnisse des Cs-137-Gehalts im Körper, wie sie an einer ausgewählten Personengruppe seit 1961 mit dem Ganzkörperzähler am Kernforschungszentrum Karlsruhe ermittelt werden. Die hohe zeitliche Korrelation der gemessenen Cs-137-Körperaktivität (logarithmische Skala) mit den Kernwaffentests ist erkennbar, ebenso die zeitliche Verzögerung zwischen der Freisetzung in die Atmosphäre und dem Maximum der Körperaktivität. Aus diesen

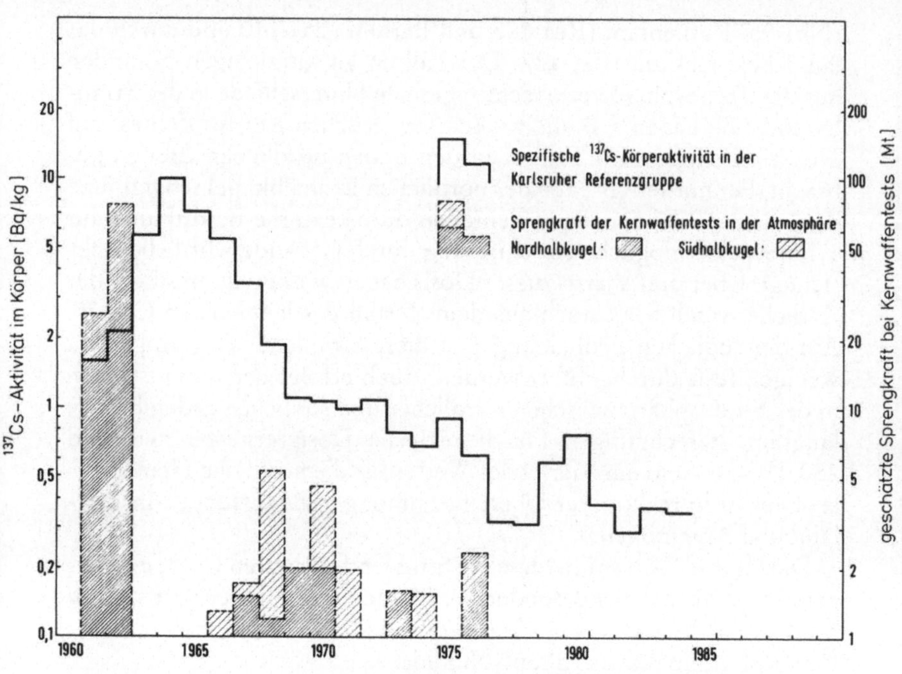

Abb. 31. Cäsium-137-Aktivitätskonzentration im Menschen in der Bundesrepublik Deutschland infolge der Kernwaffenversuche in der Atmosphäre

Meßwerten ergibt sich eine Strahlendosis durch die Cs-137-Körperaktivität von 150 µSv seit 1961. Durch die Kontamination des Bodens kommt es über die Nahrungskette zu einer Strahlenexposition von 280 µSv für mittlere Breiten der Nordhalbkugel.

Das Nuklid Sr-90 wird wegen seiner dem Calcium ähnlichen chemischen Eigenschaften bei der Inkorporation bevorzugt in die Knochen eingebaut, daher der Name „bone seeker" (Knochensucher). Die große physikalische Halbwertszeit von 28,5 Jahren, die mit 50 Jahren festgelegte noch größere biologische Halbwertszeit und die hohe Energie der Betastrahlung des Folgenuklids Yttrium-90 von 2,3 MeV und der aus all diesem resultierende große Zahlenwert des Dosisfaktors für die Bestrahlung des Knochenmarks machte Sr-90 zum meist- und bestuntersuchten Radionuklid bezüglich seiner Verteilung im Boden, seinem Transfer in die verschiedensten Nahrungsmittel und von dort zum Menschen. Das große Interesse an vielen Daten über die Wirkung von Sr-90 resultiert aus der Überschätzung seines Gefährdungspotentials in den 50er Jahren. Die Aufnahme von Sr-90 über die Nahrung ist seit 1964, als infolge der umfangreichen Kernwaffentests von 1961/62 das Maximum der Jahreszufuhr mit 400 Bq zeitlich verzögert erreicht wurde, bis zu Beginn der achtziger Jahre auf rund 130 Bq/Jahr zurückgegangen. Aus der Sr-90-Zufuhr im Jahr des Maximums errechnet sich eine Folgeäquivalentdosis für das Knochenmark von 9 µSv. Berücksichtigt man noch die Strahlendosis des Knochens selbst – die Dosis für alle anderen Gewebe ist vernachlässigbar –, so folgt eine gesamte effektive Folgedosis durch die bisher freigesetzte Sr-90-Aktivität von 170 µSv.

Beim Spaltprodukt Iod-131 beträgt die freigesetzte Aktivität 700 EBq, das entspricht einer Masse von rund 150 kg. Wegen der kurzen Halbwertszeit von 8 Tagen ist die Verteilung des Isotops Iod-131 durch atmosphärische Strömungen eher gering, folglich ist die Ablagerung auf dem Boden sehr stark von den jeweiligen meteorologischen Bedingungen abhängig. Iod-131 wird hauptsächlich mit der Frischmilch aufgenommen. Dementsprechend sind Kleinkinder im Vergleich zu der Gesamtbevölkerung einer sehr viel größeren Strahlendosis ausgesetzt. Eine Schätzung der mittleren Dosis für die Schilddrüse durch das in unseren Breiten abgelagerte I-131 ergibt etwa 20 mGy, während die mit der Altersstruktur der Bevölkerung gewichtete Dosis dann nur 1,6 mGy beträgt. Multiplikation mit dem Wichtungsfaktor für die Schilddrüse von 0,03 ergibt eine effektive Folgedosis von 50 µSv.

Natürliches Tritium, dessen globale jährliche Produktion durch die kosmische Strahlung 75 PBq (0,25 Atome pro Sekunde je Quadratzentimeter der Erdoberfläche) beträgt, bewirkt eine Strahlendosis von 0,01 µSv/Jahr. Die rund 200 EBq Tritium, die in den großen Wasserstoffbombenexplosionen 1961/62 in der nördlichen Hemisphäre freigesetzt wurden, ergeben daher eine effektive Folgedosis von rund 50 µSv.

Kohlenstoff-14 entsteht bei Kernwaffentests als Aktivierungsprodukt durch Neutroneneinfang aus dem Stickstoff der Luft. Ursprünglich als $^{14}CO_2$ in der Luft vorhanden, wird C-14 bei der Photosynthese in Pflanzen eingebaut und gelangt so direkt in die Nahrungskette. Aus der natürlichen C-14-Produktionsrate von 1 PBq/Jahr, der daraus resultierenden effektiven Jahresdosis von 12 µSv und der bei Kernwaffentests freigesetzten C-14-Aktivität von 220 PBq ergibt sich eine effektive Folgedosis von 2,6 mSv. Da wegen der großen Halbwertszeit des C-14 von 5730 Jahren der Gesamtwert der Folgedosis sich erst im Laufe von Jahrtausenden ergibt, ist für einen Vergleich mit anderen Strahlenexpositionen der in einem kürzeren Zeitraum wirkende Dosisanteil zweckmäßiger. So werden unter Berücksichtigung des für den Kohlenstoffkreislauf in der Umwelt angenommenen Modells bis zum Jahr 2000 7% des gesamten Dosiswertes, das sind 180 µSv, anfallen. Bis zum Jahr 2050 werden dann rund 10% des Gesamtwertes erreicht. Solche Folgedosen, die sich in gegenüber der Dauer eines Menschenlebens langen Zeiträumen ergeben, sind naturgemäß nicht für ein bestimmtes Individuum von Bedeutung. Ihre Berechnung ist aber notwendig, wenn man die Gesamtauswirkung auch für kommende Generationen durch eine heute ausgeführte Tätigkeit und ihre Umweltbeeinflussung berechnen will.

3. Strahlenexposition im Beruf

Die Strahlenschutzverordnung und die Röntgenverordnung schreiben vor, daß an Personen, die sich in Strahlenschutzkontrollbereichen aufhalten, die Körperdosis zu ermitteln oder die Personendosis zu messen ist. Zweck dieser Vorschriften ist es, festzustellen, ob die höchstzulässigen Strahlendosiswerte eingehalten werden. Aus der Sicht des Strahlenschutzes besteht der Sinn einer Überwachung der Strahlenexposition überwiegend darin, bei unerklärlicher oder unerwartet hoher Dosis die Arbeitsbedingungen und -verfahren zu überprüfen und gegebenenfalls zur Dosisreduzierung zu verändern oder bei den in diesen Kontrollbereichen tätigen Personen die Kenntnisse über die Sicherheitsmaßnahmen und Schutzvorschriften zu verbessern.

Im Jahre 1989 wurden in der Bundesrepublik Deutschland rund 300 000 Personen während ihrer beruflichen Tätigkeit mit Personendosimetern überwacht. 66% der überwachten Personen waren im medizinischen Arbeitsgebiet tätig, rund 10% in Kernkraftwerken und rund 24% in anderen industriellen Bereichen und in der Forschung. Der Mittelwert der Personendosis über alle überwachten Personen betrug 0,1 mSv. Die Personendosis ist an einer für die jeweilige Strahlenexposition repräsentativen Stelle der Körperoberfläche zu messen, in der Praxis meist an der Vorderseite des Rumpfes. Man kann davon ausgehen, daß die Äquivalentdosis je nach Durchdringungsfähigkeit der Strahlung und Homogenität des Strahlenfeldes unterhalb dieses Wertes liegt. Der Beitrag dieser beruflichen Strahlenexposition zur mittleren genetisch signifikanten Strahlendosis der Bevölkerung ist gering und beträgt etwa 1 bis 2 µSv/Jahr.

Auf den ersten Blick scheint bei einer mittleren jährlichen Personendosis von 0,1 mSv und einer für beruflich strahlenexponierte Personen zugelassenen maximalen Ganzkörperdosis von 50 mSv/Jahr ein sehr großer Sicherheitsabstand zu den Grenzwerten zu bestehen. Und es ist in der Tat auch so, daß die Anzahl der Fälle, bei denen die zugelassenen Grenzwerte überschritten werden, sehr klein ist. So wurden z. B. 1989 bei nur 9 Personen – von rund 300 000 überwachten Personen – Dosisüberschreitungen festgestellt. Andererseits werden sehr viele Personen überwiegend im medizinischen Bereich mit Dosimetern auf berufsbedingte Strahlenexposition überwacht, die aus Gründen des Strahlenschutzes oder der bestehenden Vorschriften kein Dosimeter tragen müssen. So wurden 1989 nur bei rund 15% der überwachten Personen eine von Null verschiedene Jahrespersonendosis registriert. 85% tragen also nur zur Personenzahl, aber nicht zur Dosis bei und verfälschen so den Mittelwert. Bezogen auf das Jahr 1989 (Tabelle 20) stellt sich die ausführliche Statistik wie folgt dar:

Tabelle 20. Personendosisüberwachung beruflich strahlenexponierter Personen in der Bundesrepublik Deutschland, 1989

	Alle überwachten Personen	Medizin	Industrie, Forschung	Kernkraftwerke
Personenzahl (Tausend)	306	203	70	33
gesamte Dosis (Sv)	101	20	28	53
mittlere Dosis (mSv)				
– alle überwachten Personen	0,1	0,1	0,4	1,6
– nur Personen mit einer Dosis $\geq$ 0,2 mSv	2,1	1,1	2,6	

Überwacht wurden rund 306 000 Personen, davon lagen bei rund 85% die ermittelten Werte unterhalb der kleinsten feststellbaren Dosis (0,2 mSv/Jahr). Läßt man diese Personen bei der Berechnung der mittleren Dosis außer Betracht, so steigt der Mittelwert der Personendosis für das Jahr 1989 auf 2,1 mSv. Diese Statistik unterstützt die Richtigkeit der bisherigen Festsetzung der Dosisgrenzwerte durch die Internationale Strahlenschutzkommission. Ausgangspunkt dabei war, daß ein Grenzwert der effektiven Äquivalentdosis von 50 mSv pro Jahr für beruflich strahlenexponierte Personen gerechtfertigt ist und der berufliche Umgang mit ionisierenden Strahlen als sicherer Arbeitsplatz insbesondere im Vergleich mit anderen Arbeitsplätzen in

Industrie und Gewerbe bezeichnet werden kann, wenn sichergestellt bleibt, daß die durchschnittliche jährliche Äquivalentdosis bei einem Zehntel des Grenzwertes von 50 mSv/Jahr liegt.

Es gibt Arbeitsbereiche, in denen die mittlere Dosis der dort tätigen Personen über dem Durchschnitt der Strahlendosis aller Beschäftigten liegt. So betrug im Kernforschungszentrum Karlsruhe die mittlere beruflich bedingte, externe Strahlenexposition der Mitarbeiter in den Jahren 1969 bis 1981 1,44 mSv/Jahr, für die Arbeitsbereiche „Zyklotron" und „Dekontamination und Abfallbehandlung" lag die mittlere, jährliche, berufliche Strahlendosis mit 2,7 bzw. 5,8 mSv deutlich höher. Berücksichtigt man den in Abbildung 32 enthaltenen Beitrag der natürlichen externen Strahlendosis, der im Kernforschungszentrum rund 0,8 mSv/Jahr beträgt, so war der Anteil zur beruflichen Strahlendosis aus den Arbeitsgebieten Biologie, Medizin, Physik und Versorgungsbetriebe vernachlässigbar. Die Exposition in den Arbeitsbereichen „Chemie" und „Reaktor" entsprach mit 1,7 mSv/Jahr etwa dem Durchschnittswert. Die Mitarbeiter des auch zur Isotopenproduktion eingesetzten Zyklotrons lagen zwar mit 2,7 mSv in ihrer Jahresdosis über dem Mittelwert für das Kernforschungszentrum, aber noch deutlich unter dem Bundesdurchschnitt. Nur für den Bereich „Dekontamination und Abfallbehandlung" war in der Mitte der 70er Jahre eine deutlich erhöhte Strahlendosis festzustellen, die durch bauliche Maßnahmen und methodische Verbesserungen dann drastisch gesenkt wurde. Die Dosis der Strahlenschützer liegt über dem Durchschnitt, er beträgt für die Jahre 1969 bis 1981 im Mittel 2,7 mSv, nicht weil ihr Mut größer oder etwa ihre Kenntnis der Schutzmaßnahmen geringer wäre als bei Beschäftigten aus anderen Bereichen, sondern weil entsprechend ihrer Aufgabenstellung häufig ein Einsatz in besonders strahlenexponierten Bereichen notwendig ist.

Die Arbeiter in Uranminen, insbesondere untertage, gehören zu der Gruppe der beruflich strahlenexponierten Personen, die im Mittel die höchste Strahlendosis aus externer und durch Radon und seine Folgeprodukte bedingter interner Exposition erhalten. Nach Messungen in Uranminen in Frankreich, Kanada und USA liegt die durchschnittliche, jährliche effektive Äquivalentdosis durch Radoninhalation zwischen 6 und 34 mSv. Bei obertägigem Uranabbau ist wegen der deutlich geringeren Radonkonzentrationen der entsprechende Dosiswert niedriger.

Messungen zu Anfang dieses Jahrhunderts in den Uranerzgruben von Schneeberg und St. Joachimsthal ergaben Radonkonzentrationen bis zu 600 kBq/m³ mit einem Mittelwert von 100 kBq/m³; damit

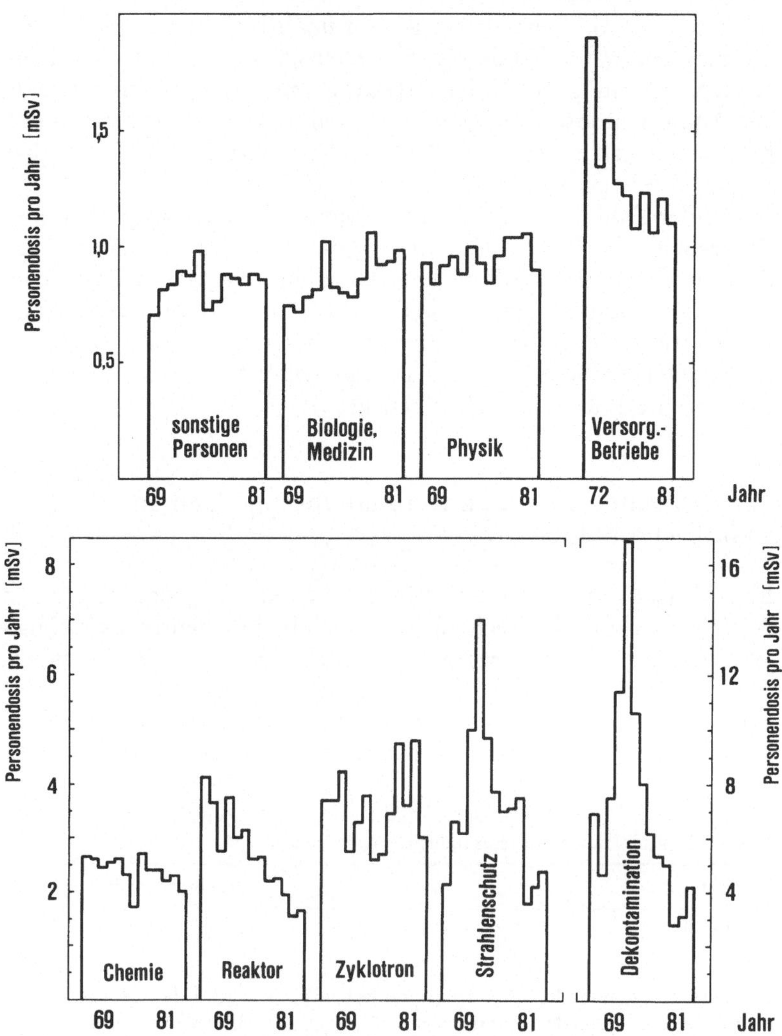

Abb. 32. Mittlere jährliche Personendosis – einschließlich natürlicher Strahlenexposition – in verschiedenen Arbeitsbereichen im Kernforschungszentrum Karlsruhe

läßt sich eine Lungendosis für die Bergarbeiter von im Mittel 25 Sv/Jahr errechnen.

Inhalation von Radon im Erzabbau von Eisen, Zink, Kupfer, Blei und Gold sowie im Kohlebergbau führt übrigens zu einer beruflichen Strahlenexposition für Hunderttausende von Bergarbeitern, die in keiner Strahlenstatistik erfaßt und deren Strahlendosis auch nicht überwacht wird. Denn dieses Radon unterliegt, anders als bei den Uranminen, in der Bundesrepublik Deutschland nicht der Strahlenschutzverordnung. Im Kohlebergbau ist mit einer mittleren effektiven Äquivalentdosis durch die Inhalation von Radon und seinen Folgeprodukten zwischen 1 und 2 mSv/Jahr zu rechnen, im Erzbergbau für die untertage Beschäftigten von 3 bis 20 mSv/Jahr.

Mit der Zahl der in der Bundesrepublik Deutschland betroffenen Bergarbeiter im Kohle- und Erzbergbau läßt sich abschätzen, daß diese, in der Dosisstatistik nicht erfaßte, beruflich bedingte Strahlenexposition mit insgesamt 150 bis 300 Sv/Jahr größer ist, als die Kollektivdosis der Personen, die von der Überwachung nach der Strahlenschutzverordnung und der Röntgenverordnung erfaßt werden, die im Jahre 1989 rund 101 Sv betrug.

4. Ionisierende Strahlung von Bildschirmgeräten und Industrieprodukten

Eine Vielzahl von Verbrauchsgütern und Industrieprodukten, die in der Wissenschaft, der Technik, aber auch im privaten Bereich eingesetzt werden, enthalten radioaktive Stoffe. Einen Überblick gibt Tabelle 21. Die meisten dieser Produkte enthalten den jeweiligen radioaktiven Stoff in einer Form und in so geringer Aktivität, daß die Nutzung der Geräte keiner Genehmigung nach der Strahlenschutz-

Tabelle 21. Radioaktive Stoffe in Industrieprodukten

Produkt	Enthaltene Radionuklide
Leuchtfarben auf Skalen und Zeigern von Uhren, Kompassen, Luftfahrzeuginstrumenten	Pm-147, H-3
Keramische Gegenstände, Glaswaren, Uranfarben für Kacheln und Porzellan, Zahnmassen	Natürliches oder abgereichertes Uran
Düngemittel	Uran, Thorium, Ra-226, K-40
Rauchmelder, Antistatika	Am-241, Ra-226
Dicken- und Dichtemeßgeräte	Am-241, Tl-204
Füllstandmeßgeräte	Cs-137, Co-60
Gaschromatographen	Ni-63, H-3
Elektronische Bauteile und Geräte	Pm-147, Cs-137, Kr-85, H-3
Schweißelektroden	Thorium

verordnung bedarf. Bei einigen Produkten ist aber eine für den sicheren Umgang notwendige Bauartprüfung durch die Physikalisch-Technische Bundesanstalt erforderlich.

Bildschirmgeräte mit Röhrenspannungen über 5 kV, also praktisch alle vorkommenden Geräte dieser Art, gelten als Störstrahler im Sinne der Röntgenverordnung. Als Störstrahler bezeichnet man alle Geräte, in denen Röntgenstrahlen erzeugt werden, ohne daß sie zu diesem Zweck betrieben werden. Der Betrieb eines Störstrahlers und damit auch der Bildschirmgeräte ist ohne amtliche Genehmigung nur zugelassen, wenn bestimmte, vom Hersteller nachzuweisende Bedingungen eingehalten werden und die Ortsdosisleistung in einem Abstand von 5 cm vom Störstrahler nicht größer als 5 µSv/h ist.

4.1 Ist der Fernsehapparat eine Strahlenquelle?

Im Zusammenhang mit der weitverbreiteten Einführung von Bildschirmarbeitsplätzen kam auch wieder eine Diskussion über die von Bildröhren ausgehende Röntgenstrahlung und die dadurch hervorgerufene Strahlenexposition in Gang.

Im Sinne der Röntgenverordnung sind alle Bildschirmgeräte Störstrahler, weil durch die Kathodenstrahlen im Inneren der Bildröhre die sogenannte Röntgen-Bremsstrahlung erzeugt wird. Die Maximalenergie der Strahlung ist abhängig von der Betriebsspannung der Bildröhre und liegt bei Farbbildröhren über 20 keV. Allerdings wird diese Röntgen-Bremsstrahlung bei neueren Geräten durch Schwermetallzusatz in der Bildröhrenwandung so stark absorbiert, daß sie außerhalb der Geräte selbst mit hochempfindlichen Dosisleistungsmeßgeräten kaum nachweisbar ist.

Bei älteren Bildschirmgeräten wurden für die Erzeugung der benötigten Hochspannung noch Gleichrichterröhren verwendet, in denen ebenfalls eine sehr intensive Röntgen-Bremsstrahlung erzeugt wurde. Da diese Gleichrichterröhren relativ dünnwandig waren, mußten sie, um die äußere Strahlenbelastung zu reduzieren, mit speziellen Abschirmungen versehen werden. Seit etwa 1970 werden zur Erzeugung der Hochspannung ausschließlich Halbleiterbauelemente verwendet, die absolut störstrahlungsfrei arbeiten.

Im Kernforschungszentrum Karlsruhe wurden 1984 Schwarz/Weiß- und Farbmonitoren sowie Farbfernsehgeräte erneut untersucht. Dabei konnte gezeigt werden, daß die gesetzlichen Vorschriften über die zulässigen Werte der Dosisleistung deutlich unterschritten blieben. Selbst bei Fernsehgeräten, deren mittlere Bildröhrenspannung mit 27,3 kV deutlich über der der Monochrom-Monitoren

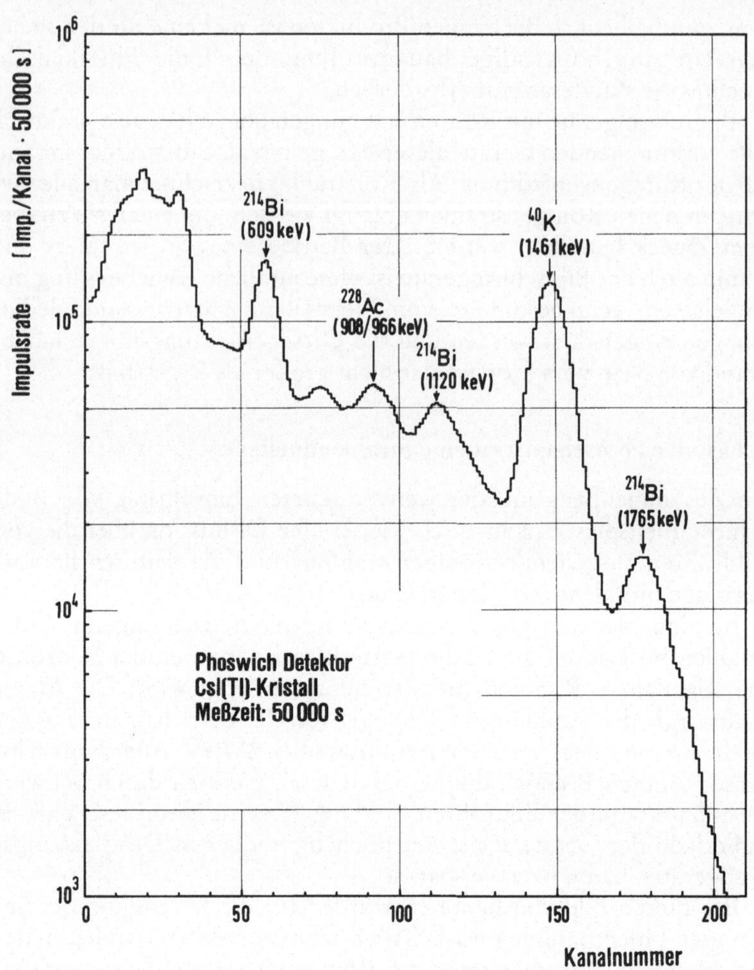

Abb. 33. Spektrum der von einem Fernsehbildschirm emittierten Gamma-Strahlung aufgrund natürlich radioaktiver Stoffe in der Bildröhre

(11,6 kV) und Farbmonitoren (24,7 kV) lag, wurden in 5 cm Bildschirmabstand durch die beim Betrieb auftretenden Röntgenstrahlung nur Dosisleistungen bis zu maximal 0,01 µSv/h gemessen.

Deutlich höher als diese betriebsbedingte Röntgenstrahlung ist übrigens die Strahlung – auch bei abgeschaltetem Gerät – infolge des Gehalts natürlich radioaktiver Stoffe in der Bildröhre. Werte bis zu 0,03 µSv/h in 5 cm Abstand wurden gemessen.

Tabelle 22. Strahlenexposition durch Farbfernseh- und Bildschirmgeräte

Bildschirmgerät; Arbeitsabstand 0,5 m	
– betriebsbedingte Röntgenstrahlung	0,006 nSv/h
– Gammastrahlung natürlich radioaktiver Stoffe in Bildröhre und Leuchtstoffen	1,2 nSv/h
Farbfernseher; Betrachtungsabstand 3 m	
– betriebsbedingte Röntgenstrahlung	0,002 nSv/h
– Gammastrahlung natürlich radioaktiver Stoffe in Bildröhre und Leuchtstoffen	0,1 nSv/h
Zeitschriften; Leseabstand 0,35 m	
– Gammastrahlung von Ra- und Th-Folgeprodukten	0,03 nSv/h
Zum Vergleich: Natürliche Umgebungsstrahlung im Mittel	100 nSv/h

Umgerechnet auf die üblichen Arbeits- und Betrachtungsabstände und ergänzt um die Strahlenexposition durch Zeitschriften infolge der natürlich radioaktiven Stoffe im Papier sind die Ergebnisse in der Tabelle 22 zusammengefaßt.

Abbildung 33 zeigt als Beispiel das für einen Farbmonitor erhaltene Spektrum der vom Bildschirm emittierten Gammastrahlung. Die Peaks im Gammaspektrum sind im wesentlichen der Strahlung von K-40, Bismut (Bi)-214 und Ac-228 zuzuordnen. Die in der Abbildung nicht näher bezeichneten Peaks stammen von anderen Nukliden der Uran/Radium- und Thorium-Zerfallsreihe. Bei den Schwarz/Weiß-Bildschirmgeräten ergab sich ein ähnliches Spektrum.

4.2 Selbstleuchtende Zifferblätter an Uhren und Anzeigeinstrumenten

Radium wurde lange Zeit als fluoreszenzanregende Substanz für die Leuchtfarbe von Zifferblatt und Zeigern bei Uhren, beim Kompaß und bei der Skala von Anzeigeinstrumenten in Flugzeugen eingesetzt. Die Strahlung des radioaktiven Stoffes regt einen dem Trägermaterial beigemischten Szintillator, der üblicherweise aus Zinksulfid mit geringen Anteilen von Kupfer oder Silber besteht, zum Leuchten an. Ra-226 hat aber den Nachteil, daß durch seine Folgeprodukte auch ein größerer Teil durchdringender Strahlung emittiert wird. Diese Strahlung trägt zur Lichtemission wenig, zur Strahlendosis des Uhrenträgers aber viel bei. Nachdem durch die kerntechnische Entwicklung geeignete Radionuklide zur Verfügung stehen, wird Radium in Leuchtfarben z. T. durch Promethium-147 und überwiegend durch Tritium in geeigneten chemischen Verbindungen ersetzt.

Radium

Die Aktivität von Ra-226 in den früher üblichen Leuchtfarben lag zwischen 4 und 100 kBq je Uhr. Die Strahlendosis für den Träger einer solchen Uhr wird fast ausschließlich durch die externe Strahlenexposition hervorgerufen. Bei einer Tragedauer von 16 Stunden pro Tag konnte eine Gonadendosis von 1 mSv/Jahr auftreten. Wegen dieser recht hohen Strahlendosis haben OECD (Organisation für wirtschaftliche Zusammenarbeit und Entwicklung) und IAEO (Internationale Atomenergie-Organisation) empfohlen, den Gehalt von Ra-226 pro Uhr auf maximal 3,7 kBq zu begrenzen. Dem entspricht dann eine Gonadendosis von 40 µSv/Jahr.

Promethium

Promethium-147 als Ersatzstoff für Radium in Leuchtfarben ist ein reiner Betastrahler mit einer maximalen Strahlungsenergie von 224 keV. Dieser Energie entspricht eine maximale Reichweite von 46 mg/cm². Da Uhrengehäuse üblicherweise eine Dicke haben, die mehr als 50 mg/cm² entspricht, und da Pm-147 als Feststoff nicht flüchtig ist, kann nur die im Gehäuse der Uhr erzeugte Bremsstrahlung zu einer Strahlenexposition für den Träger führen. Bei der üblicherweise eingesetzten Pm-Aktivität von 1,5 MBq pro Uhr kann man die Gonadendosis auf 2 µSv/Jahr schätzen.

Tritium

Der größte Teil der heutigen Uhren mit Leuchtzifferblättern enthält den Betastrahler Tritium als zum Leuchten anregende Substanz in der Leuchtfarbe. Aufgrund der sehr geringen Strahlungsenergie des Tritiums von maximal 18 keV ist die äußere Strahlenexposition vollständig zu vernachlässigen. Aber das allmählich als tritiierter Wasserdampf oder tritiierte organische Moleküle aus dem Leuchtstoff freigesetzte Tritium kann eine Tritiuminkorporation durch Inhalation oder unmittelbare Aufnahme durch die Haut zur Folge haben. Erhebungen in der Schweiz haben ergeben, daß die übliche Tritiumaktivität von 40 MBq pro Uhr zu einer jährlichen effektiven Äquivalentdosis von 0,3 µSv/Jahr führt.

4.3 Rauchmelder nach dem Ionisationsprinzip

Ionisationsrauchmelder nutzen häufig die Alphastrahlung von Am-241. Die Alpha-Teilchen bewirken dabei durch die Ionisation der Luft zwischen zwei Elektroden einen festgelegten Stromfluß in einem Meßsystem. Durch Rauchgase wird nun die Ionisation und damit der Meßstrom verändert, so daß eine Alarmmeldung ausgelöst wird. Mitte der siebziger Jahre wurden in der Bundesrepublik Deutschland jährlich rund 100 000 solcher Am-241 enthaltende Rauchmelder produziert.

Die Verwendung von Ionisationsrauchmeldern ist in der Bundesrepublik Deutschland im privaten und beruflichen Bereich möglich, ohne daß es dazu einer Genehmigung oder einer Anzeige nach der Strahlenschutzverordnung bedarf. Allerdings ist dann eine Beschränkung auf nur zwei Ionisationsrauchmelder, die eine spezielle Bauartzulassung haben müssen und die jeweils nicht mehr als 37 kBq Am-241 enthalten dürfen, notwendig. Im beruflichen Bereich kann auch eine größere Anzahl von Ionisationsrauchmeldern genehmigungs- und anzeigefrei eingesetzt werden, wenn die Gesamtaktivität der in einem Gebäude installierten Rauchmelder für Am-241 3,7 MBq nicht übersteigt und mit dem Hersteller oder der Vertriebsfirma ein Reparatur- und Wartungsvertrag abgeschlossen wurde.

Für die USA wurde für die jährliche Herstellung, Verwendung und Beseitigung von 14 Mio. Rauchmeldern mit insgesamt 1,5 TBq Am-241 eine Bevölkerungsdosis von nur 10 Sv geschätzt, die überwiegend auf der geringen externen Strahlendosis des Gammastrahlenanteils des Am-241 beruht.

4.4 Strahlender Zahnersatz

Uran- und Cerverbindungen werden vielen neuen Porzellanmassen für Zahnersatz beigemengt, um die Farbe und das Leuchten natürlicher Zähne sowohl bei Tages- als auch bei Kunstlicht möglichst naturgetreu wiederzugeben. Messungen des National Radiation Protection Board (NRPB) in England ergaben in den Porzellanmassen für künstliche Zähne Uranmengen von 0,04 Gewichtsprozenten im Mittel und 0,1 als Maximalwert. Daraus läßt sich für die Basalschicht der Mundschleimhaut eine Dosis in der Größenordnung von 30 mGy/Jahr in unmittelbarer Zahnnähe berechnen. NRPB empfahl daher, die Verwendung von radioaktiven Leuchtstoffen in Zahnersatzmaterial einzustellen. In der Bundesrepublik Deutschland darf

die Uranmenge in diesem Zahnersatz 0,1 Gewichtsprozent Uran
nicht übersteigen. Messungen ergaben einen Durchschnittswert von
0,03 Gewichtsprozent Uran.

4.5 Glas und Keramik als Strahlenquelle im Haushalt

Im 19. Jahrhundert wurde der größte Teil der Uranproduktion in den
Glashütten verarbeitet. „Annagelb" nannte man die durch Natrium-
diuranat („Urangelb") gelbgrünen Gläser, gelb in der Durchsicht, ein
leichtes Grün in der Aufsicht. Die keramische Industrie verwendete
Uransalze als gelbe Pigmente für die Malerei und für schwarze und
leuchtendrote Glasuren (Abb. 34, S. 158). Die Strahlendosis bei sol-
chem uranhaltigen Porzellan kann beachtlich sein. Messungen an einem Teeservice, dessen leuchtendrote Glasur etwa 15% Uranoxid
enthielt, ergaben zwischen 0,1 und 0,2 mSv/h. Am Henkel der Tasse
wurden 0,13 mSv/h und am oberen Tassenrand 0,17 mSv/h gemessen. Für einen passionierten Teetrinker kann so durch den unmittel-
baren Kontakt durchaus eine Strahlendosis an den Fingern von
4 mSv/Jahr und an den Lippen von 2 mSv/Jahr auftreten. Hinzu
kommt noch die interne Strahlendosis durch aus der Glasur, insbesondere bei Zitronensaftzusatz, herausgelöstes und dann inkorpo-
riertes Uransalz. Die so inkorporierte Uranmenge kann bis zu
100 mg/Jahr betragen, daraus resultiert eine Strahlenexposition der
Nieren von rund 0,1 mSv/Jahr und der Knochen von 0,6 mSv/Jahr.

5. Wie gefährlich ist die Kerntechnik?

Kernkraftwerke sind nur ein Teil einer ganzen Reihe von kerntechnischen Anlagen, die für die Nutzung der Kernenergie erforderlich
sind. Für die lokalen und regionalen Auswirkungen auf die Strahlenexposition sind in der Bundesrepublik Deutschland neben den Kernkraftwerken die Anlagen zur Brennelementherstellung und zur Wiederaufarbeitung abgebrannter Brennelemente zu berücksichtigen.

5.1 Strahlenschutz bei Kernkraftwerken

Eine der Hauptaufgaben der Reaktorsicherheitstechnik bei der Pla-
nung, der Konstruktion, dem Bau und dem Betrieb von Kernkraftwerken ist es, sicherzustellen, daß die großen Mengen der beim Re-

Tabelle 23. Angaben zu den üblicherweise genehmigten Abgabewerten für radioaktive Stoffe für ein Kernkraftwerk mit einer elektrischen Leistung von 1300 MW

– Abgabe mit der Abluft	
Edelgase	1– 3 PBq/a
Schwebstoffe	7– 70 GBq/a
Radioiod	7– 20 GBq/a
– Abgabe mit dem Abwasser	
Spalt- und Aktivierungsprodukte	30–200 GBq/a
Tritium	7– 40 TBq/a

aktorbetrieb durch die Kernspaltung entstehenden radioaktiven Spaltprodukte und der durch Neutronenstrahlung entstehenden Aktivierungsprodukte eingeschlossen bleiben.

Daten über die in der Bundesrepublik Deutschland heute üblicherweise genehmigten Abgaben radioaktiver Stoffe mit der Abluft und dem Abwasser für ein Kernkraftwerk mit einer elektrischen Leistung von 1300 MW sind in Tabelle 23 wiedergegeben. Die tatsächlichen Abgaben radioaktiver Stoffe sind häufig weitaus niedriger als die genehmigten Werte. So hat das Kernkraftwerk Grafenrheinfeld, das 1983 die bis dahin weltweit höchste Stromerzeugung eines Kraftwerkblocks mit fast 10 Milliarden Kilowattstunden erreichte, mit der Abluft nur 7,4 TBq radioaktive Edelgase und jeweils weniger als 1 MBq an radioaktiven Schwebstoffen und Iod abgegeben. Auch die mit dem Abwasser freigesetzten Spalt- und Aktivierungsprodukte sind mit 90 MBq weit unterhalb der behördlich genehmigten Grenzwerte geblieben.

Entscheidend für eine Bewertung und den Strahlenschutz sind die aus diesen Freisetzungen unter bestimmten Modellannahmen berechenbaren Werte der Strahlendosis für die Bevölkerung. Eine direkte Messung der Dosis in der Umgebung kerntechnischer Anlagen ist bei diesen geringen Emissionen wegen der so geringen Erhöhung des natürlichen Strahlungsuntergrundes nicht möglich.

Strahlendosis durch Aktivitätsabgabe mit der Abluft
Die Abluft aus dem Kamin wird durch den Wind transportiert und durch die Turbulenz der Atmosphäre mit der übrigen Luft vermischt. Diese Durchmischung bewirkt eine Verteilung der Abluftaktivität. Bei starker Turbulenz können Schwebstoffe den Boden bereits nach einigen hundert Metern erreichen. Bei mittlerer oder schwacher Turbulenz ist die Durchmischung und Verdünnung der Abluft geringer.

Sie bleibt dadurch länger in der Emissionshöhe und erreicht daher erst in größerer Entfernung dann aber in geringerer Konzentration den Boden.

Ein gesondert zu berücksichtigender Fall liegt vor, wenn Radionuklide emittiert werden, die im Ökosystem angereichert werden können, wie z.B. I-131. Zum einen ist eine direkte Aufnahme über die Atemluft möglich (Inhalation), zum anderen aber auch über die Nahrung (Ingestion), hier speziell mit der Milch, in der sich Iod über den Belastungspfad Luft – Gras – Kuh – Milch besonders anreichert. Die so dem Körper zugeführte Iodmenge wird dann zum Teil in der Schilddrüse abgelagert, die deshalb als „kritisches Organ" in bezug auf Iod bezeichnet wird. Die Iod-Ingestionsdosis ist bei Kleinkindern etwa 700mal größer als die Inhalationsdosis von Erwachsenen. Deshalb können nur entsprechend geringere I-131-Ableitungen zugelassen werden.

Abbildung 35 zeigt die Isodosislinien (Linien gleicher Dosis) der effektiven Äquivalentdosis, wie sie auf der Basis von Rechenverfahren aus den Ableitungen von allen Anlagen des Kernforschungszentrums Karlsruhe im Jahr 1991 ermittelt wurden. Die langgestreckte, elliptische Form der Isodosislinien ergibt sich aus den meteorologischen Bedingungen am Standort mit etwa gleich häufigen nordöstlichen und südwestlichen Winden.

Das für die kerntechnische Sicherheit und den Strahlenschutz zuständige Bundesministerium für Umwelt, Naturschutz und Reaktorsicherheit veröffentlicht die Radioaktivitätsabgaben aller Kernkraftwerke und die daraus resultierende, unter ungünstigen Modellannahmen berechnete, maximal mögliche Strahlendosis für Einzelpersonen. Tabelle 24 enthält diese Daten für das Jahr 1989. Ein Vergleich dieser Werte mit der Strahlenexposition durch Kohlekraftwerke zeigt, daß die Strahlendosis durch Kernkraftwerke häufig erheblich geringer ist (s. S. 67).

Strahlendosis durch Aktivitätsabgabe mit dem Abwasser
Die Radioaktivität in Abwasser trägt zu einer Anreicherung radioaktiver Stoffe besonders in den Fischen, in den Schwebstoffen und in den Sedimenten bei. Solche Anreicherungen sind keine Besonderheit radioaktiver Stoffe, sie hängen mit dem chemischen Verhalten des betrachteten Elementes zusammen und sind für inaktive wie radioaktive Isotope eines Elementes gleich groß.

Aus gemessenen Radioaktivitätsabgaben mit dem Abwasser, den aus Versuchen bestimmten Anreicherungsfaktoren und Annahmen über die Verzehr- und Aufenthaltsgewohnheiten lassen sich dann

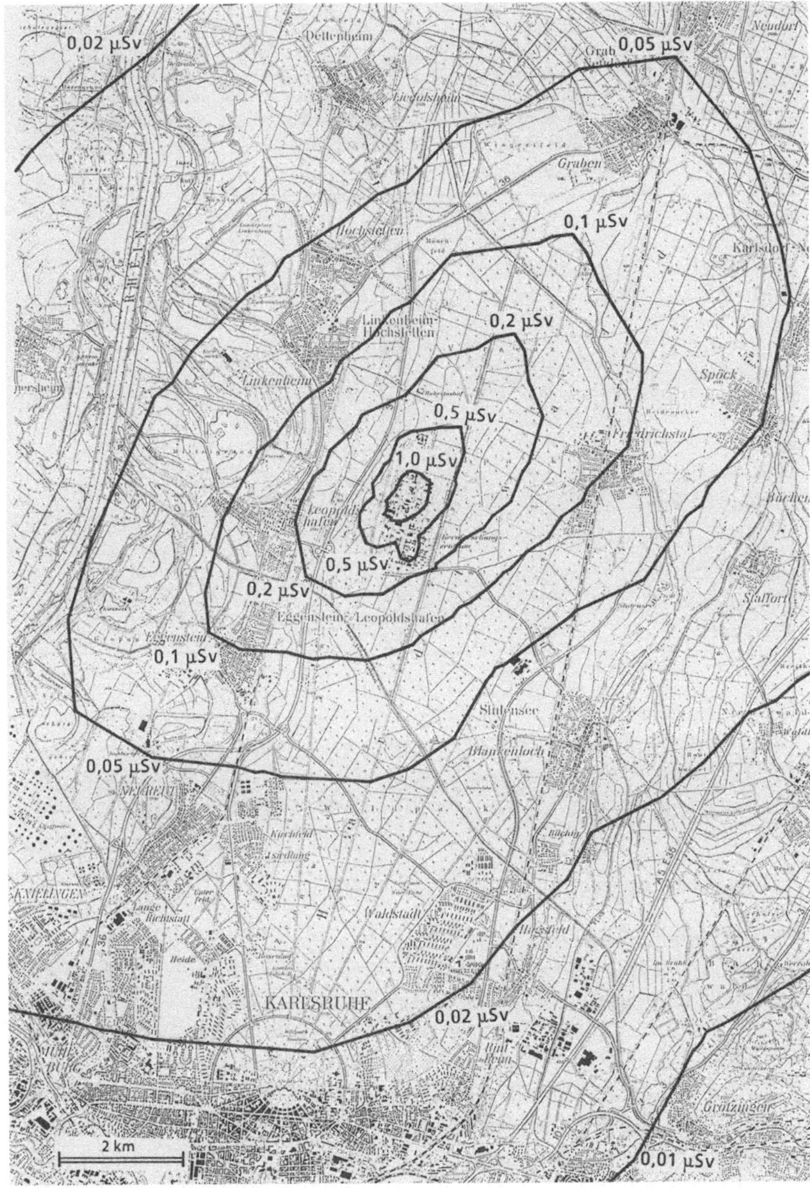

Abb. 35. Linien gleicher Effektivdosis durch die Emissionen radioaktiver Stoffe des Kernforschungszentrums Karlsruhe im Jahre 1991 (Abluftpfad)

Tabelle 24. Strahlenexposition durch die Emissionen radioaktiver Stoffe von Kernkraftwerken 1989

Kernkraftwerk	Abluftpfad		Abwasserpfad
	max. Schilddrüsendosis (Kleinkind)	max. eff. Dosis (Erwachsene)	max. eff. Dosis (Erwachsene)
	µSv	µSv	µSv
Biblis	0,7	0,3	0,1
Brokdorf	1	0,6	<0,1
Brunsbüttel	3	1	<0,1
Emsland	0,3	0,1	0,5
Grafenrheinfeld	1	0,4	0,2
Grohnde	1	0,4	0,1
Gundremmingen	4	2	0,3
Hamm-Uentrop	<0,1	<0,1	<0,1
Isar	4	2	0,1
Krümmel	0,7	0,2	<0,1
Mülheim-Kärlich	<0,1	<0,1	<0,1
Neckarwestheim	2	1	0,3
Obrigheim	3	1	0,2
Philippsburg	4	2	0,1
Stade	0,4	0,2	<0,1
Unterweser	0,2	0,1	<0,1
Würgassen	15	4	0,3

Dosishöchstwerte für Einzelpersonen und realistische Mittelwerte der Exposition für die Bevölkerung gewinnen. Tabelle 24 zeigt die aus der freigesetzten Aktivität im Jahr 1989 ermittelten Dosiswerte.

5.2 Emissionen bei der Wiederaufarbeitung

Kommerziell betriebene Wiederaufarbeitungsanlagen stehen in Sellafield (GB, Kapazität: 2000 t U/Jahr aus Gas-Graphit-Reaktoren; 1200 t U/Jahr aus Leichtwasserreaktoren); Marcoule (F; Kapazität 1200 t U/Jahr aus Gas-Graphit-Reaktoren) und Cap de La Hague (F; Kapazität 2000 t U/Jahr aus Leichtwasserreaktoren).

In der Bundesrepublik Deutschland war bis Ende 1990 die als Versuchs- und Demonstrationsanlage errichtete Wiederaufarbeitungsanlage im Kernforschungszentrum Karlsruhe in Betrieb. Ihr maximaler Jahresdurchsatz von 40 t abgebranntem Brennstoff entspricht etwa der jährlichen Entlademenge eines Reaktors der heute in der Bundesrepublik Deutschland üblichen Standardgröße mit einer elektrischen Leistung von 1300 MW. Die aus den Emissionen der Wiederaufarbeitungsanlage Karlsruhe des Jahres 1990 berechenbare effektive Folgedosis am ungünstigsten Ort der Umgebung beträgt 1,4 µSv. Dabei ist die Möglichkeit berücksichtigt, daß sich langlebige Radionuklide im Boden anreichern und durch landwirtschaftliche Rezyklierung einmal in den Boden gelangte Radionuklide auch wieder dorthin zurückgelangen.

Angaben über Aktivitätsableitungen – gemittelt über die Jahre 1980 bis 1985 – aus den großen Wiederaufarbeitungsanlagen in Sellafield und Cap de La Hague und die daraus resultierenden regionalen Strahlendosen (regional: Bevölkerung im Umkreis von 2000 km) enthält die Tabelle 25 (nach UNSCEAR 1988). Normiert wurde auf die mit der Erzeugung einer elektrischen Energie von 1 Gigawatt-Jahr (1 GWa) verbundene Emission radioaktiver Stoffe und der daraus resultierenden Folgedosis.

Der große Unterschied zwischen den beiden Anlagen ergibt sich bezüglich der Ableitungen aus der Art des aufgearbeiteten Brennstoffs, des Alters und der Betriebsweise der Anlagen und bezüglich der regionalen Strahlenexposition auch aus den Besonderheiten des Standortes. Es ist davon auszugehen, daß die Inbetriebnahmen der neuen Anlagen (UP3, Cap de La Hague, und THORP, Sellafield) bezogen auf den Durchsatz zu deutlich niedrigeren Ableitungen führen.

Aus der Tabelle 25 kann mit allem Vorbehalt, da die Daten nur von zwei und dazu noch stark unterschiedlichen Anlagen stammen, und da durch die deutlichen Reduzierungen der Ableitungen in den letzten Jahren die angegebenen Werte eher als oberer Wert aufzufassen sind, unter Berücksichtigung der anteiligen Wiederaufarbeitungsleistung in diesen Jahren (Sellafield: Äquivalent von 16,3 GWa; La Hague: Äquivalent von 23,2 GWa) für die Folgedosis der regionalen Bevölkerung ein normierter Wert von 26 Sv pro GWa durch Wiederaufarbeitung abgeleitet werden.

Von den bei Reaktorbetrieb und Wiederaufarbeitung abgeleiteten Radionukliden werden einige wegen ihres Verhaltens und Transfers in Umweltmedien und aufgrund ihrer langen physikalischen Halbwertszeit weltweit verteilt. Sie können so über den regionalen Bereich hinaus zu einer Exposition der Gesamtbevölkerung führen. Von den Ableitungen aus Reaktoren ist dies C-14, von den bei der Wiederaufarbeitung freigesetzten Radionukliden sind es C-14, Kr-85 und I-129. Pu-239 spielt in diesem Zusammenhang trotz seiner langen Halbwertszeit keine Rolle, da es eine sehr geringe Mobilität in der Umwelt hat und so überwiegend nur den lokalen und – geringer – den regionalen Bereich exponiert.

Tabelle 25. Ableitungen mit Abluft und Abwasser aus den Wiederaufarbeitungsanlagen Sellafield und La Hague und resultierende kollektive effektive Folgedosis für die regionale Bevölkerung

Radionuklid	mittlere Aktivitätsableitungen (1980–1985) TBq pro GWa		kollektive effektive Folgedosis Sv pro GWa	
	Sellafield	La Hague	Sellafield	La Hague
Abluft				
H-3	120	3,5	0,32	0,01
C-14	3,5	0,66	1,4	0,3
Kr-85	14 000	11 000	0,1	0,08
Sr-90	0,0014	–	0,02	–
I-129	0,004	0,005	0,18	0,22
Cs-137	0,034	0,0045	0,37	0,02
Pu + Am	0,0002	0,00001	0,03	0,001
Gesamtdosis			2,4	0,63
Abwasser				
Sr-90	80	20	1	0,23
Ru-106	140	100	4,7	9,9
Cs-137	570	8,5	38	0,81
α-Strahler	8	0,16	0,2	0,06
Gesamtdosis			44	11

C-14 verbleibt lange in den verschiedenen Kohlenstoffverbindungen in der Biosphäre. Das von UNSCEAR benutzte Modell für C-14 ergibt unter der Berücksichtigung einer Weltbevölkerung von 10 Milliarden Menschen eine kollektive effektive Folgedosis von 67 Sv pro 1 TBq freigesetztes C-14. Diese Folgedosis ergibt sich im Laufe von einigen zehntausend Jahren (3% innerhalb der ersten zehn Jahre, 10% in 100 und 19% in 1000 Jahren). C-14-Ableitungen aus den Wiederaufarbeitungsanlagen Sellafield und La Hague betragen im gewichteten Durchschnitt 1,8 TBq pro GWa.

Krypton-85 kann als Edelgas nicht in Filtern abgeschieden werden. Wegen seiner Halbwertszeit von 10,8 Jahren ist eine Rückhaltung in Verzögerungsstrecken, wie sie beispielsweise für kurzlebige Spaltedelgase an Reaktoren zur Emissionsreduzierung erfolgreich genutzt wird, nicht möglich. Andererseits bedeutet aber diese für die Rückhaltung nachteilige Edelgaseigenschaft auch, daß über Stoffwechselvorgänge keine selektiven Anreicherungseffekte in der Umwelt eintreten können. Im Kernforschungszentrum Karlsruhe wurden Verfahren der Krypton-Rückhaltung durch Tieftemperaturrektifikation und durch Freonadsorption bis zur Anwendungsreife entwickelt, die eine Kr-Rückhaltung um 99% ermöglichen, aber wegen des Verzichts auf den Bau einer großen deutschen Wiederaufarbeitungsanlage nicht realisiert wurden.

Für die üblichen Abbrandwerte des Kernbrennstoffs läßt sich eine Kr-85-Produktion von 12 PBq für eine erzeugte elektrische Energie von 1 GWa errechnen. Unterstellt man eine vollständige Freisetzung dieser Aktivität, so folgt daraus für die Weltbevölkerung eine kollektive effektive Folgedosis von 2 Sv pro GWa. Diese Dosis wird zur Hälfte in den ersten zehn Jahren und fast vollständig in den 50 Jahren, die auf die Freisetzung in die Atmosphäre folgen, erhalten.

Iod-129 (Halbwertszeit 15,7 Millionen Jahre) ist langfristig von radiologischer Bedeutung. Die Iod-129-Erzeugung bei einem mittleren Abbrand in Leichtwasserreaktoren beträgt je GWa erzeugter elektrischer Energie rund 60 GBq. Dieses Iod gelangt üblicherweise bei der Wiederaufarbeitung fast vollständig in die Umwelt. Durch Iodfilter, die im Kernforschungszentrum Karlsruhe entwickelt wurden und seit 1975 in der Wiederaufarbeitungsanlage Karlsruhe eingesetzt waren, lassen sich allerdings über 99% des Iods zurückhalten.

Aufgrund seiner hohen Mobilität in der Umwelt wird Iod-129 relativ schnell global verteilt und gelangt letztlich ins Meer. Da allein die oberen Meeresschichten 1 Milliarde Tonnen stabiles Iod enthalten, kommt es zu einer enormen Isotopenverdünnung. Der mit einer Verzögerungszeit von 100 bis 200 Jahren angesetzte Austausch mit den tiefen Ozeanschichten vergrößert die Mischungskapazität nochmals um einen Faktor 50, so daß eine einmalige Freisetzung von 1 GBq Iod-129 langzeitig zu einer Aktivitätskonzentration von $2 \cdot 10^{-8}$ Bq je Gramm stabilem Iod führt. Unter Berücksichtigung einer Weltbevölkerung von 10 Milliarden Menschen errechnet sich daraus eine kollektive effektive Folgedosis von 14 Sv für eine Freisetzung von 1 GBq Iod-129. Der größte Teil dieser Folgedosis fällt zwischen 10 Millionen und 40 Millionen Jahre nach der Freisetzung an, so daß dieser Wert sehr spekulativ ist, da heute keine Aussagen über die dann vorherrschenden Ernährungsgewohnheiten und über die tatsächliche Gesamtbevölkerung gemacht werden können. In den ersten zehntausend Jahren nach der Freisetzung ergibt sich ein Anteil von 0,03% der Dosis.

5.3 Emissionen bei der Herstellung von Brennelementen

Der Brennstoff für Leichtwasserreaktoren wird aus Uranhexafluorid (UF_6) hergestellt, bei dem das Isotop U-235 in Anreicherungsanlagen auf 2 bis 4% angereichert wird. Über die Zwischenstufen Ammoniumdiuranat oder Ammoniumuranylcarbonat gewinnt man Urandioxidpulver, das gepreßt und gesintert wird. Diese Urandioxid-Sinterkörper (Pellets) werden in Edelstahl- oder Zirkaloyrohre eingeschweißt und die so entstandenen Brennstäbe zu Brennelementen gebündelt. Vom chemischen Prozeß fallen an Schadstoffen Fluor sowie Fluor- und Stickstoffverbindungen an. Radionuklide können über die Abluft und über das Abwasser in die Umgebung gelangen.

Plutoniumhaltige Brennelemente aus Mischoxiden (UO_2/PuO_2) werden zur Zeit nur in Versuchsanlagen und versuchsweise in Leichtwasserreaktoren eingesetzt. Ausgangsstoff ist Plutoniumnitrat oder Plutoniumdioxid. Die Produktion erfolgt in ähnlicher Weise wie bei der Uranbrennelementherstellung, nur aus Strahlenschutzgründen weitgehend automatisiert. Dabei wird in dichten, durch hochwirksame Absolutfilter entlüfteten Handschuhkästen (glove boxes) gearbeitet.

Die Radiotoxizität des Plutoniums beruht auf der recht hohen spezifischen Alpha-Aktivität (je nach Isotop 2 bis 40 GBq/g), der Eigenschaft vieler Schwermetalle, säurelösliche Salze zu bilden (Anreicherung in der Leber) und der chemischen Ähnlichkeit zu Calcium (Anreicherung im Knochengerüst). Plutonium ist besonders gefährlich, wenn es in unlöslicher Form in der Lunge zurückgehalten wird, was aber nur bei sehr kleiner Teilchengröße möglich ist. Bei 0,1 µm Durchmesser verbleiben in der Lunge etwa 50%. Größere Teilchen

Tabelle 26. Strahlendosis in der Umgebung kernbrennstoffverarbeitender Betriebe, 1989

Anlage	max. effektive Dosis in µSv (Erwachsener)	
	Abluftpfad	Abwasserpfad
ANF, Lingen	<0,1	–
Nukem, Hanau	<0,1	<0,1
Siemens, MOX, Hanau	<0,1	<0,1
Siemens, Uran, Hanau	2	0,6
Siemens, Karlstein	<0,1	<0,1
URENCO, Gronau	<0,1	<0,1

gelangen nicht in die Lunge und werden letztlich über den Magen/
Darm-Kanal ausgeschieden. Die Resorption von Plutonium im Ma-
gen/Darm-Kanal ist äußerst gering, weshalb die Grenzwerte für die
Jahresaktivitätszufuhr nach der Strahlenschutzverordnung über die
Ingestion rund 5000 mal höher sind als über die Inhalation.

Erfahrungen über die Emission radioaktiver Stoffe aus Anlagen,
die Brennelemente herstellen, hat man insbesondere mit den Brenn-
elementfabriken im Bereich Hanau. In vier großen Fabriken werden
dort uran- und plutoniumhaltige Kernbrennstoffe zu Brennelementen für Leistungs- und Forschungsreaktoren verarbeitet. Die Jahres-
abgaben aus den uranverarbeitenden Betrieben liegen im Bereich von
einigen GBq Alphastrahlen-Aktivität mit dem Abwasser und einigen
MBq mit der Abluft. Die Emissionswerte des plutoniumverarbeiten-
den Betriebs sind um rund einen Faktor 100 für beide Abgabepfade
geringer.

Aus diesen Emissionen lassen sich Höchstdosiswerte der Umgebung im Bereich von µSv/Jahr ermitteln (siehe Tabelle 26).

6. Natürliche und künstliche Strahlenquellen – ein Vergleich

Die mittlere effektive Äquivalentdosis aus allen natürlichen und
künstlichen Strahlenquellen beträgt für einen Einwohner in der Bundesrepublik Deutschland 3,9 mSv/Jahr. Diese Dosis stammt zu etwa
gleichen Anteilen aus der natürlichen Strahlung, der zivilisationsbe-
dingten zusätzlichen Strahlung durch die natürliche Radioaktivität in
Häusern und der Strahlung durch die Röntgendiagnostik. Dieser
Wert der Effektivdosis von 3,9 mSv/Jahr ist geeignet, die somatischen Strahlenrisiken der Bevölkerung abzuschätzen, d. h. das durch
ionisierende Strahlung bedingte Auftreten von Leukämie und Krebs
zu ermitteln. Die für die Beurteilung genetischer Folgen wichtige genetisch signifikante Dosis ist deutlich kleiner. Da für die genetische
Dosis die Beiträge durch Radon und dessen Folgeprodukte gering
sind und der Dosisanteil durch die Röntgendiagnostik nur etwa zur
Hälfte eingeht, ist die genetisch signifikante Dosis mit rund 1,7 mSv/
Jahr anzusetzen.

Alle anderen Beiträge zur Strahlenexposition sind zu vernachlässigen. Die zusätzliche Dosis durch einen Flug in den Urlaub beträgt etwa 20 µSv/Jahr; die Exposition bei Daueraufenthalt am Zaun eines
Kernkraftwerkes im Einzelfall etwa 10 µSv/Jahr; die tritiumhaltigen
Leuchtziffern einer Uhr tragen 0,3 µSv/Jahr zur Strahlenexposition

bei. In den Vereinigten Staaten von Amerika hat man die Strahlendosis des Flugreisenden, der sich häufig während der Röntgenkontrolle seines Handgepäcks neben der Durchleuchtungsanlage aufhält, zu 0,003 µSv/Jahr berechnet. Auch die millionstel µSv/Jahr durch das natürlich auftretende Spaltprodukt Sr-90 sind nicht zu vergessen. Vielleicht sollte man all diese Dosisquellen kennen, nur sollte man bei der Bewertung dieser geringen Beiträge auch wissen, daß durch das natürliche Kalium-40 jeder Mensch eine bestimmte Eigenstrahlung aufweist und so eine Strahlenquelle für seine Mitmenschen darstellt. Diese Eigenstrahlung bewirkt für eine andere Person im Abstand von 50 cm in 3000 Stunden, entsprechend 8 Stunden täglichen Schlafs, eine Dosis von 0,1 µSv/Jahr.

V. Auch bei Strahlung: Die Dosis macht's

1. Die Auswirkung der Strahlung auf den Menschen

1.1 Strahlengefahr im Bergwerk

Georgius Agricola beschrieb im 6. Band (1556 erschienen) seines grundlegenden Werks über das Berg- und Hüttenwesen im Erzgebirge, „De Re Metallica", auch die Arbeitsbedingungen in Joachimsthal, wo er als Stadtarzt tätig war: „Der Staub bringt die Lungen zum Eitern und erzeugt im Körper die Schwindsucht. Auf den Gruben findet man Frauen, die sieben Männer gehabt haben, welche alle jene unheilvolle Schwindsucht dahingerafft hat." „Bergsucht" wurde diese Krankheit benannt und auch von Paracelsus erwähnt. Der Bergphysikus C. L. Scheffler von Annaberg beschreibt 1770 die Symptome der Bergsucht, verhärtete Drüsen und Knoten in der Lunge und den Bronchien, und er sieht als Ursache das Einatmen „arsenicalischen Staubs" und „böser Schwaden". 1879 publizierten die erfahrenen Bergärzte F. H. Härting und W. Hesse, daß im letzten Jahrzehnt im Schneeberger Kobaltfeld rund ein Viertel der Bergleute an der mit „Schneeberger Lungenkrebs" bezeichneten Bergkrankheit gestorben sind. Sie empfahlen eine Verbesserung der Ventilation in den Gruben und das Naßbohren, um die Staubentwicklung zu reduzieren. Sie erreichten damit einen Rückgang der Sterberate der Bergleute dieser Gruben in den folgenden zwanzig Jahren auf die Hälfte.

Ähnliche Erfahrungen machte man zur selben Zeit in Joachimsthal, wo schließlich auffiel, daß in Gruben außerhalb des Erzgebirges, wo ebenfalls arsenhaltiger Staub anfällt, dieser Lungenkrebs nicht auftritt, ohne daß man eine Erklärung dafür hatte. Der Chefarzt des Joachimsthaler Radiuminstituts, A. Pirchan, ging Erzählungen der Bergleute nach, daß immer, wenn reiche Uranlager neu entdeckt würden, einige Jahre später unter den dort beschäftigten Bergleuten eine große Zahl Lungenkrebstodesfälle aufträten. Er fand schließlich (1929) einen Zusammenhang zwischen der Inhalation von Radon, mit Radonfolgeprodukten beladenem Staub und einem um etwa 15 Jahre verzögerten Auftreten von Lungenkrebs. Diese Vermutung konnte 1942 von B. Rajewsky und E. Schraub endgültig bestätigt werden.

1.2 Die erste erkannte Strahlenkrankheit: Röntgenschäden

Die Begeisterung der Ärzte für die Möglichkeit, die ihnen die Entdeckung Röntgens eröffnete, der geringe apparative Aufwand sowie die Arglosigkeit gegenüber einer schädlichen Wirkung dieser Strahlung führte dazu, daß weltweit mit Röntgenröhren experimentiert wurde. Nicht nur Krankenhäuser schafften sich Röntgengeräte an, es entstanden auch Röntgenlaboratorien bei Privatärzten.

Aber schon im April und Mai 1896 wird in Amerika und England von Hautveränderungen und Haarausfall nach der Röntgenbestrahlung berichtet. Feilchenfeld berichtete im Mai 1896 in Berlin auf dem 25. Kongreß der Deutschen Gesellschaft für Chirurgie über eine Röntgenverbrennung und im Juli 1896 erschien in der Deutschen Medicinischen Wochenschrift folgende Mitteilung:

Von dem hiesigen Ingenieur Herrn O. Leppin geht uns folgende Mittheilung zu: „Es dürfte noch nicht allgemein bekannt sein, dass die so viel besprochenen X-Strahlen die Eigenschaft besitzen, ähnlich den Sonnenstrahlen, die Haut zu verbrennen. Ich hatte sehr viel mit den Röntgenschen Versuchen zu thun und benutzte als bequemstes Prüfobjekt stets meine linke Hand. Die Hand zeigte nach mehreren Tagen eine eigenthümliche Röthe, erschien geschwollen, und am Mittel- und Ringfinger zog sich je eine Blase zusammen, genau als hätte ich mich dort verbrannt. Weiss war die Hand nur an der Stelle geblieben, wo der Ring den Finger umschliesst, und an den Mittelgelenken der Finger war die Röthe weniger intensiv. Nach Anwendung von Bleiwasserumschlägen ging die Röthe zurück, doch ist zwischen der linken und der rechten Hand noch jetzt nach fünf Wochen ein merklicher Unterschied vorhanden. Während die rechte Hand weiss und glatt ist, ist die linke geröthet und runzelig, so dass sie um viele Jahre älter erscheint als ihre Schwester".

Der Bericht über den beobachteten Haarausfall nach einer Röntgenbestrahlung veranlaßte einen Hautarzt, ein Tierfellmuttermal, das den ganzen Rücken eines vierjährigen Mädchens bedeckte, mit zehn zweistündigen Bestrahlungen therapeutisch zu behandeln. Es gelang zwar, auf diese Weise die Haare zu entfernen, die unerwartete Folge waren jedoch ausgedehnte Hautgeschwüre, die erst nach sechs Jahren geheilt werden konnten und nach 28 und 42 Jahren erneut auftraten.

Hautschädigungen wurden häufig beobachtet, zumal damals auch Schuppenflechte und Fußpilz mit Röntgenstrahlen behandelt wurden. Auch „Verbrennungen" durch Radiumpräparate wurden gemeldet, so bei Becquerel und in einem Selbstversuch bei P. Curie.

In den folgenden Jahren mehren sich die Berichte über unerwünschte Wirkungen von Röntgenstrahlen vor allem bei Ärzten und Krankenschwestern, aber auch bei Technikern und Ingenieuren, die mit derartigen Geräten umgingen. 170 Fälle werden in den ersten fünf Jahren nach der Entdeckung der Röntgenstrahlen gezählt, bis 1922 sind ca. 100 Radiologen nachweisbar an Strahlenschäden gestorben. 1899 konnte zum erstenmal ein Karzinom auf der Nase einer Frau durch 150 Bestrahlungen geheilt werden (Steenbeck), 1902 wurde der erste tödliche Strahlenkrebs bei einem Röntgenologen aus England beschrieben.

1904 konnte Heineke bei der Untersuchung der Strahlenwirkung auf innere Organe feststellen, daß die Strahlenempfindlichkeit der verschiedenen Zellen recht unterschiedlich ist, weshalb Knochenmark viel leichter geschädigt werden kann als etwa Muskelgewebe oder Nervenzellen. 1905 wurde erstmals beobachtet, daß vorübergehende oder dauernde Sterilität sowohl bei Männern als auch Frauen durch Strahlung hervorgerufen werden kann.

Aufgrund der verschiedenartigen Schäden lag es nahe, bei besonders belasteten Gruppen statistisch zu untersuchen, ob diese mit einer Verkürzung ihrer mittleren Lebenserwartung zu rechnen haben. In den Vereinigten Staaten wurden deshalb alle Todesfälle von Fachärzten, die in den Jahren 1938 bis 1942 im Alter zwischen 35 und 74 Jahren verstarben, statistisch verglichen. Es zeigte sich im Rahmen der statistischen Genauigkeit kein Unterschied in der Lebenserwartung der verschiedenen Gruppen von Fachärzten, wenn man die Todesfälle durch Leukämie außer Betracht läßt. Bei Röntgenologen traten deutlich mehr Todesfälle durch Leukämie auf als bei anderen Fachärzten. Bei Untersuchungen von Ärzten in England, die nach 1920 ins Berufsleben eintraten, wurde dieser Unterschied nicht mehr gefunden. Das ist auch nicht erstaunlich, da ein Röntgenarzt zu Anfang des Jahrhunderts mit einer Strahlendosis im Laufe seines Berufslebens rechnen mußte, die sicher mehr als zehnmal so hoch war wie später erlaubt.

1.3 Strahlenerkrankungen bei Radiumstreicherinnen und Thorotrast-Patienten

Schwere berufliche Strahlenschäden traten nach der Aufnahme größerer Mengen Radium über den Magen/Darm-Kanal bei Leuchtzifferblattmalerinnen auf. So konnten Martland und Humphries 1929 über eine Reihe von Fällen mit Knochensarkomen berichten, die durch 0,2 bis 2 MBq Ra-226 verursacht wurden: Eine 1915 in den Vereinigten Staaten von Amerika gegründete Fabrik beschäftigte einige hundert, teilweise erst 14 Jahre alte Mädchen damit, eine flüssige Mischung aus Radium und Zinksulfid mit feinen Pinseln auf Uhrenzifferblätter und Kruzifixe aufzutragen. Um diese Malarbeiten sorgfältig durchführen zu können, spitzten die Arbeiterinnen die Pinsel dadurch, daß sie sie zwischen die Lippen nahmen. Daß die Leuchtfarbe auch an die Hände, ins Gesicht und an die Kleidung spritzte, war unvermeidbar. Einige hatten sogar die Angewohnheit, zum Rendezvous ihre Zähne zu bemalen, um in der Dämmerung ein romantisches Glimmern zu erzeugen. Das wurde dem leitenden Gewerbearzt H. Martland von Zahnärzten gemeldet. Er besichtigte 1925 die Fabrik und konnte in den folgenden Jahren, nach Todesfällen von Mitarbeiterinnen, das Radium verteilt und angereichert im Skelett der Toten nachweisen. Die Untersuchungen reichten aus, um 1928 ein Gerichtsverfahren von ehemals in dieser Fabrik Beschäftigten gegen den Firmeninhaber einzuleiten. Daß so schwere Schäden auftraten ist nicht überraschend, wenn man bedenkt, daß die Strahlenbelastung des Knochengewebes durch das eingelagerte Radium zehn- bis hunderttausendmal höher war als die Strahlenexposition aus natürlichen Quellen.

Eine vergleichbar hohe Dosis wurde bei Thorotrast-Patienten hauptsächlich in der Milz, der Leber und in Lymphknoten gefunden. Ohne mit einer möglichen Gefährdung zu rechnen, wurde zwischen 1930 und 1950 als Röntgenkontrastmittel eine wäßrige, etwa 20 proz. kolloidale Thoriumdioxidlösung verwendet. Das entspricht bei der üblichen Anwendung ca. 15 g Thorium, das einer Strahlenwirkung von 3 bis 4 µg Ra-226 vergleichbar ist. Dieses Thorium bleibt fast vollständig im Körper und wird dort in bestimmten Zellen der Milz, der Lymphknoten, des Knochenmarks und der Leber gespeichert. Daß man gerade dieses Röntgenkontrastmittel wählte, lag an der ausgezeichneten Kontrastwirkung besonders bei Gefäß- und Leberuntersuchungen.

1.4 Schäden bei Überlebenden der Atombombenabwürfe in Hiroshima und Nagasaki

Die Überlebenden der Atombombenabwürfe auf Hiroshima und Nagasaki im Jahre 1945 werden auch heute noch in einem umfangreichen Programm medizinisch überwacht. Seit 1950 werden statistische Vergleiche der Häufigkeit bestimmter Krankheiten bei der Gruppe, die einer Dosis von 0,1 bis 4 Gy ausgesetzt war, zu Gruppen, deren Dosis unter 0,1 Gy lag bzw. keiner zusätzlichen Strahlung ausgesetzt waren, angestellt. Bis ca. 1960 konnte statistisch signifikant nur ein Unterschied in der Häufigkeit von Leukämie festgestellt werden, der bis 1980 wieder auf normale Werte zurückging. Nach 1960 wurden dann auch Abweichungen in der Häufigkeit solider Tumoren gefunden.

Die strahlenepidemiologische Untersuchungsgruppe in Hiroshima und Nagasaki (Life Span Study Kohorte) umfaßt insgesamt 91 228 Personen. Von diesen sind für 75 991 Personen die empfangenen Strahlendosen aufgrund des neuesten Dosimetriesystems (DS 86) errechnet worden. In dieser Untergruppe sind bis 1985 insge-

Tabelle 27. Leukämiesterbefälle in Hiroshima und Nagasaki (DS 86-Subkohorte)

	Zahl der Leukämiesterbefälle	
	beobachtet	erwartet
1950–1960	74	29
1961–1970	44	28,7
1971–1980	59	41,7
1981–1985	25	23,5
1950–1985	202	123

Tabelle 28. Krebssterbefälle in Hiroshima und Nagasaki (DS 86-Subkohorte)

	Zahl der Krebssterbefälle		
	alle	Personen mit Dosis $> 0,1$ Gy	
		beobachtet	erwartet
1950–1955	532	141	125
1956–1965	1410	378	349
1966–1975	1768	496	418
1976–1985	2024	591	463
1950–1985	5734	1606	1355

samt 28 737 Menschen gestorben, davon 202 an Leukämie und 5737 an Krebs. Die Tabellen 27 und 28 enthalten Angaben über die erwarteten und beobachteten Leukämie- und Krebssterbefälle in den verschiedenen Dezennien.

Die Tabellen 29 und 30 geben die Ergebnisse wichtiger strahlenepidemiologischer Untersuchungen wieder, die für die Quantifizierung des Strahlenrisikos bedeutsam sind. Daraus kann man entnehmen, daß trotz hoher Strahlendosis die Zahl der durch Strahlung verursachten Todesfälle gering sind.

Bei niederer Dosis, also im Bereich des natürlichen Strahlenpegels, ist es mit epidemiologischen Untersuchungen nicht möglich gewesen (und aufgrund der Extrapolation von hohen Dosen auch nicht zu erwarten), statistisch gesichert auf Strahlung zurückzuführende Krankheiten beim Menschen nachzuweisen. Das gilt auch für Gegenden, in denen der natürliche Strahlenpegel zehnmal höher ist als bei uns. Auch eine statistisch gesicherte Erhöhung der Zahl von Erbschäden beim Menschen ist bei epidemiologischen Untersuchungen nicht nachgewiesen worden, bisher auch nicht bei den Nachkommen der Überlebenden von Hiroshima und Nagasaki.

1.5 Frühschäden durch Strahlenexposition

Es gibt eine Reihe von Fällen, in denen Menschen einmalig und kurzzeitig einer sehr hohen Strahlendosis ausgesetzt waren. Die zu erwartende Folge, als Strahlenkrankheit oder akutes Strahlensyndrom bekannt, ist von der Höhe der Dosis abhängig und davon, ob es zu einer Teil- oder Ganzkörperbestrahlung kam.

Tabelle 29. Durch Strahlung verursachte Todesfälle in verschiedenen Personengruppen

Personengruppe	Studie aus	Zahl der ausgewerteten Todesfälle	Anzahl der zusätzlichen Todesfälle durch		
			Leukämie	Knochensarkom	Lungenkrebs
frühe Radiologen	USA	3700	11		
Bergarbeiter (Uranbergbau)	USA	3366			58
Bergarbeiter (anderer Bergbau)	Schweden	7500			20
Leuchtzifferblattmalerinnen	USA	800		50	
Thorotrast-Patienten	Deutschland	4594	54		

Tabelle 30. Hauptmerkmale der wichtigsten von UNSCEAR, BEIR V und ICRP bewerteten epidemiologischen Studien

Merkmale	Überlebende von Hiroshima und Nagasaki	Röntgentherapie: Wirbelgelenksentzündung	Strahlentherapie: Gebärmutterhalskrebs
Anzahl Personen	76 000	14 000	83 000
Umfang, Personenjahre	2 185 000	184 000	624 000
Geschlecht	W: 59 % M: 41 %	W: 17 % M: 83 %	W: 100 %
Alter zum Zeitpunkt der Bestrahlung	0 bis über 90 Jahre	über 15 Jahre	unter 30 bis über 70 Jahre
mittlere Beobachtungszeit	29 Jahre	13 Jahre	8 Jahre
Art der Dosimetrie	individuell	individuell für Leukämie	mittlere Gruppendosis
Art der Bestrahlung	kurzzeitig, Ganzkörper	fraktioniert, inhomogen, Teilkörper	fraktioniert, chronisch, Teilkörper
Dosisverteilung: mittlere Dosis Dosisbereich	0,24 Gy bis 6 Gy	1,9 Gy bis 8 Gy	sehr inhomogen
Sterbefälle: beobachtet/erwartet	5936/5595	563/446	

Man findet in der Literatur über 300 Fälle von Ganzkörperbestrahlungen mit einer Dosis zwischen 0,1 und 1 Gy beschrieben. Diese Überdosis kam teilweise bei therapeutischen Ganzkörperbestrahlungen teilweise auch bei den Kernbombentests im Pazifik in den fünfziger Jahren vor. Nur bei 1% der Fälle wurde Übelkeit, in einem einzigen Fall drei Tage Erbrechen beobachtet. Das Blutbild war kaum verändert (leichter Lymphozytenabfall), so daß solche Personen nicht klinisch behandelt werden mußten.

Auch bei Menschen, die einer einmaligen Ganzkörperbestrahlung von 1 bis 2 Gy ausgesetzt waren, ist eine Erholung wahrscheinlich. Die sehr strahlenempfindlichen, Blutzellen bildenden Gewebe und die Zellauskleidung des Darmtraktes erholen sich rasch. Als frühe Krankheitszeichen konnte man bei der Mehrzahl der Betroffenen Übelkeit und Schwindel schon in den ersten Stunden feststellen. Auch Erbrechen und Durchfall traten bis zu vier Tagen nach der Bestrahlung bei einigen Patienten auf. Das deutlich veränderte Blutbild erreicht nach etwa fünf Wochen wieder den Normalzustand. Die Spontanerholung wird nur erschwert, wenn neben der Bestrahlung beispielsweise auch Wunden entstanden sind, also Kombinationsschäden behandelt werden müssen.

Bei dem Einsatz aller Möglichkeiten der Medizin können auch Personen mit Ganzkörperdosen zwischen 2 und 6 Gy gerettet werden. Erfahrungen liegen mit Überlebenden von Hiroshima und Nagasaki vor, aber auch mit 11 Personen, die 1958 in den Forschungszentren von Oak Ridge (Vereinigte Staaten von Amerika) und Vinča (Jugoslawien) bei Unfällen einer hohen Strahlendosis ausgesetzt waren. Das Krankheitsbild ist ziemlich einheitlich. In den ersten Stunden tritt Übelkeit und Erbrechen auf, teilweise Durchfall, sowie allgemeine Schwäche, nach einigen Tagen fühlen sich die Patienten besser. Als Folge der geschädigten Blutzellen bildenden Organe kommt es dann in der 4. und 5. Woche nach der Bestrahlung zu Infektionen und Blutungen. Wenn es gelingt, diese Folgeerscheinungen etwa durch Infektionsprophylaxe erfolgreich zu behandeln, ist ab der 6. und 7. Woche mit einer Besserung und Heilung zu rechnen. Mit den neuesten Therapieerfahrungen dürfte es heute schon möglich sein, auch Menschen zu retten, die einer Ganzkörperdosis bis 12 Gy ausgesetzt waren. Eine derartige Behandlung nach einem Strahlenunfall ist zwar bisher nicht bekannt geworden – solche Unfälle sind sehr seltene Ereignisse –, wohl aber werden zur Behandlung bestimmter Leukämiefälle vor der Transfusion blutbildender Stammzellen die Patienten einer Ganzkörperbestrahlung von 10 bis 12 Gy ausgesetzt, so daß in diesem Fall Erfahrung gewonnen werden kann.

Klinische Beobachtungen an Menschen, die einer noch höheren Ganzkörperdosis ausgesetzt waren, gibt es nur wenig. Bei einer Dosis über 30 Gy ist innerhalb von Tagen mit dem Tod nach Schäden im Zentralnervensystem und Herz/Kreislauf-Versagen zu rechnen. Bei Belastungen zwischen 5 bis 30 Gy kann, soweit keine ärztliche Hilfe möglich ist, der Tod in ein bis zwei Wochen eintreten, wobei in diesen Fällen Störungen des Flüssigkeitshaushaltes durch Schädigung des Darmes, durch Blutungen und bakterielle Infektionen auftreten.

Schäden durch höhere Strahlenbelastungen können geheilt werden, wenn es nur zu lokalen Bestrahlungen gekommen ist. Die betroffene Körperregion reagiert anfangs mit Entzündungen, aus denen später degenerative Erscheinungen werden und die in einzelnen Fällen zu Nekrosen führen. Relativ häufig kommen bei unsachgemäßem Umgang mit Röntgengeräten örtliche ‚Strahlenverbrennungen‘ auf der Haut vor, bei denen es auch zu Blasenbildung kommt, die wie schwere Hautverbrennungen behandelt werden (Abb. 36, S. 160).

2. Strahlenbiologie – ein wichtiger Forschungszweig

Die Wissenschaft hat sich nicht damit zufrieden gegeben, die ionisierende Strahlung nur physikalisch zu analysieren, vielmehr war man daran interessiert, die Auswirkung dieser Strahlung auf biologische Objekte und den Menschen zu erforschen. Das schien umso dringlicher, je mehr von Strahlenschäden berichtet wurde, und rückte ganz in den Vordergrund, als H. J. Muller 1927 auf dem Internationalen Genetikerkongreß in Berlin berichtete, daß Röntgenstrahlen die Erbstrukturen der Zelle bleibend verändern, also Mutationen hervorrufen können.

2.1 Grundzüge der Strahlenbiologie

Wenn geladene Teilchen wie die Alpha- und Betastrahlen in Materie oder in lebendes Gewebe eindringen, verlieren sie ihre Energie, indem sie Atome und Moleküle ionisieren und/oder in einen angeregten Zustand versetzen. Diese Energieabgabe erfolgt im mikroskopischen Bereich diskontinuierlich in Form sogenannter ,Primärionisationen‘. Ähnliches geschieht bei indirekt ionisierender Strahlung wie Gamma- und Röntgenstrahlung – beide sind vom Charakter her identisch, nur in einem Fall im Atomkern, im anderen Fall in der Atomhülle entstanden – oder Neutronenstrahlung. Der Unterschied besteht darin, daß die indirekt ionisierende Strahlung ihre Energie erst an geladene Teilchen, z. B. ein Photoelektron bei Gamma- und Röntgenstrahlung oder ein Rückstoßproton bei Neutronen, überträgt, die ihrerseits dann ionisieren. Damit läßt sich auch teilweise das unterschiedliche Durchdringungsvermögen der direkt und indirekt ionisierenden Strahlung erklären.

Die Wechselwirkung der direkt ionisierenden Strahlung mit dem lebenden Gewebe kann einmal dadurch erfolgen, daß ein Biomolekül durch Ionisierung geschädigt oder ein kleiner Teil, ein Radikal, abgetrennt wird. Anders bei der indirekt ionisierenden Strahlung: Biomoleküle liegen in wäßriger Lösung gelöst vor; die Strahlung erzeugt dann im Wasser Wasserstoff- und Hydroxid-Radikale, die schnell wieder neue chemische Bindungen eingehen und damit auch Biomoleküle verändern können. Daneben entstehen durch Reaktionen dieser Radikale untereinander oder mit molekularem Sauerstoff weitere chemisch reaktive Verbindungen wie Wasserstoffperoxid oder Peroxidradikale, die für die lebende Zelle gefährlich sind.

Die Auswirkungen, die durch ionisierende Strahlung veränderte Biomoleküle auf die Zelle, ein Organ oder ein Lebewesen hervorrufen, wurden bei Nukleinsäuren, Proteinen und Aminosäuren bevorzugt im Labor untersucht. Die Übertragung so gewonnener Ergebnisse auf ein Lebewesen ist immer problematisch, oft sogar widersprüchlich. Die meisten Untersuchungen dürften sich mit der bestrahlten DNS (Desoxyribonukleinsäure), dem Träger der Erbinformation, beschäftigt haben. In den letzten Jahren waren das Forschungsziel vor allem die Reparatureffekte (Elkind, 1960). Man kennt inzwischen eine Vielzahl solcher Reparatureffekte, weiß aber noch zu wenig über den Wirkungsmechanismus. Veränderungen in der DNS und durch diese ausgelöste fehlerhafte oder zumindest teilweise fehlerhafte Reparaturprozesse sind die wesentliche Ursache der Strahlenwirkung in der Zelle. Das bedeutet aber, daß man (im Prinzip) durch gezielte Beeinflussung der Reparaturprozesse die Strahlenwirkung vermindern oder auch verstärken kann. Die Strahlenwirkung ist also nicht, wie vor der Entdeckung der Reparaturprozesse angenommen, in jedem Fall irreversibel. Da Reparaturprozesse Zeit brauchen, ist es verständlich, daß die gleiche Dosis, in Raten verabreicht, häufig eine geringere Strahlenwirkung zeigt, da sich das bestrahlte Gewebe zumindest teilweise erholen kann, als wenn die Dosis auf einmal verabfolgt würde. Der Fraktionierungseffekt kann nur bei schwach ionisierender Strahlung, wie Beta-, Gamma- oder Röntgenstrahlung, beobachtet werden. Wenn die Strahlung stärker ionisiert, wie bei der Alphastrahlung oder den durch Neutronen erzeugten Rückstoßprotonen , können die Verhältnisse anders sein, weil die gemessene Strahlendosis stets ein Mittelwert ist, die Ionisationen auf mikroskopischer Ebene, vor allem bei kleinen Dosen, aber ungleich verteilt sind. Man kann sich das grob vereinfacht so vorstellen: Die an 1 g Gewebe abgegebene Energie oder Dosis bei schwach ionisierender Strahlung und kleiner Dosis bedeutet, daß jede Zelle nur so wenig Dosis erhält, daß sie die Dosiswirkung regenerieren kann. Dieselbe Dosis stark ionisierender Strahlung an 1 g Gewebe abgegeben, würde bedeuten, daß nur 1% der Zellen eine Dosis erhalten hat, die aber im Mittel jeweils hundertmal so hoch sein muß wie bei der schwach ionisierenden Strahlung. Die „hohe" Dosis kann nun von der Zelle nicht mehr repariert werden, 1% der Zellen würden also ausfallen und möglicherweise einen Schaden verursachen. Erhöht man nun die Gesamtdosis auf das Hundertfache, wäre nach diesem Modell, von statistischen Effekten abgesehen, kein Unterschied mehr zwischen schwach und stark ionisierender Strahlung zu erwarten, was man auch beobachtet.

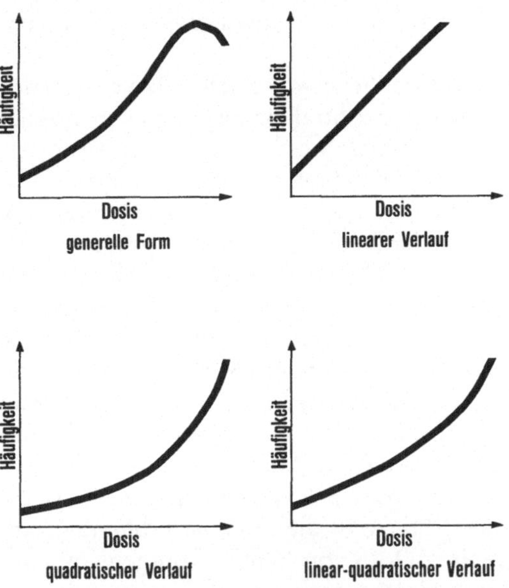

Abb. 37. Verschiedene, schematische Dosis-Effekt-Kurven für Strahlenspätschäden

Bei all diesen Untersuchungen variiert man die Dosis und stellt fest, wie sich die interessierende Wirkung quantitativ ändert. Die Ergebnisse werden als Dosiswirkungskurven dargestellt, d. h. die Wirkung absolut oder relativ über der Dosis aufgetragen. Um überhaupt eine Wirkung beobachten zu können, muß eine Schwellendosis überschritten werden. Abbildung 37 zeigt verschiedene Dosiswirkungskurven. Man spricht von linearer Abhängigkeit, wenn sich bei einer Verdoppelung der Dosis auch die Häufigkeit auftretender Wirkungen verdoppelt. Daneben zeigt diese Abbildung auch nicht-lineare, quadratische oder exponentielle Dosiswirkungskurven. Erst bei hoher Dosis ist eine lineare Abhängigkeit zu erkennen. Hier steigt zu Beginn die Häufigkeit der Wirkung mit zunehmender Dosis an, aber eben nicht linear in o. g. Sinne. Diese Abweichung kann man mit Erholungseffekten erklären. Zu beachten ist dabei, daß für solche Untersuchungen in der Regel eine Strahlendosis notwendig ist, die weit höher liegt als der natürliche Strahlungspegel. Man kann diese Werte zwar in den Bereich niederer Strahlendosis extrapolieren, aber die so gewonnenen Aussagen werden umso unsicherer, je mehr Zehnerpotenzen man sich vom ursprünglichen Meßwert entfernt.

Man gab sich verständlicherweise nicht damit zufrieden, die biochemischen Grundlagen der Strahlenwirkung zu erforschen, da die dort gewonnenen Erkenntnisse wohl auch in absehbarer Zeit nicht ausreichen, die zu erwartenden biologischen Effekte zu erklären bzw. vorherzusagen. Man untersuchte deshalb beobachtbare Wirkungen in Abhängigkeit von der Dosis und anderer Parameter bei den verschiedensten Organismen. Dabei gibt es Wissenschaftler, die mit Zellkulturen oder sehr einfachen Lebewesen wie Bakteriophagen, Bakterien oder Algen arbeiten, weil man hier besser verstehen kann, was die Strahlung tatsächlich bewirkt. Andere, meist der Medizin näherstehende Wissenschaftler, experimentieren mit Tieren, da die Ergebnisse leichter auf den Menschen übertragen werden können. Je nach zu untersuchender Wirkung wird mit Mäusen und Ratten, chinesischen Hamstern, Hunden oder Schweinen experimentiert. Eine besonders strahlensensible Pflanze ist die Dreimasterblume (Tradescantia), bei der schon bei einer Dosis von 10 mSv Röntgenstrahlung die Zahl der weißen und rosa Haare der Staubgefäße (ursprünglich blau) zählbar zunimmt (Abb. 38, S. 160). Allerdings wird diese Wirkung nicht nur durch Strahlung, sondern auch durch andere Umwelteinflüsse hervorgerufen, so daß die Pflanze sicher nicht als „Dosimeter" geeignet ist. Ein besonders beliebtes Objekt zur Untersuchung von Erbschäden ist die von Morgan (1910) und von Muller verwendete Taufliege (Drosophila melanogaster), bei der Erbänderungen relativ leicht zu sehen sind, und die sich einfach züchten läßt.

Man hat festgestellt, daß bei gleicher Energieabsorption im Gewebe, hervorgerufen durch verschiedene Strahlenarten, die Wirkungen (z. B. Todesrate, Sterilität, Mutationen) quantitativ unterschiedlich waren. Um diese Beobachtungen systematisch zu untersuchen, wurde die sogenannte relative biologische Wirksamkeit (RBW) verschiedener Strahlenarten eingeführt. Man normiert die RBW auf Röntgen- oder Gammastrahlung und untersucht, um welchen Faktor z. B. Alpha- oder Neutronenstrahlung zur Erzeugung einer bestimmten Strahlenwirkung wirksamer ist. Diese relative biologische Wirksamkeit einer Strahlenart ist für eine gegebene Wirkung von der Höhe der Dosis abhängig. Da man im Strahlenschutz nicht weiß, auf welche der möglichen biologischen Wirkungen man sich im Einzelfall beziehen soll, benutzt man statt der RBW den sogenannten Qualitätsfaktor, der von der Energieabgabe pro Weglänge in Wasser abgeleitet ist und für den, falls man diese Energieabgabe nicht genau kennt, heute international bei Neutronenstrahlung 10, bei Alphastrahlung 20 und als Bezugswert bei Beta-, Gamma- und Röntgenstrahlung 1 eingesetzt wird.

Aufgrund des derzeitigen Kenntnisstandes teilt man heute die Wirkungen in nichtstochastische und stochastische ein.

2.2.1 *Wirkungen ab einem Schwellenwert*

Unter nichtstochastischen Wirkungen versteht man Wirkungen, deren Eintreten nicht von der Wahrscheinlichkeit abhängig ist, sondern bei denen eine in gewissen Grenzen individuell schwankende Mindestdosis Voraussetzung für einen Schaden ist. Dieser Schaden wird umso schwerer, je höher die verursachende Dosis war. Zu solchen Wirkungen zählen beim Menschen Hautverbrennungen durch Strahlung, das akute Strahlensyndrom, zur Sterilität führende Schädigungen der Keimzellen oder die Linsentrübung im Auge. Für die Festsetzung der Grenzwerte im Strahlenschutz spielen diese nichtstochastischen Wirkungen nur eine untergeordnete Rolle, da ihr Schwellenwert in der Regel höher liegt, als der aufgrund der stochastischen Wirkungen festgelegte Grenzwert.

2.2.2 *Wirkungen auch bei niedriger Dosis?*

Stochastische Wirkungen nennt man solche, bei denen kein Schwellenwert nachgewiesen ist und deren Eintretenswahrscheinlichkeit proportional mit der Dosis steigt. Wie schwer die Wirkung im Ein-

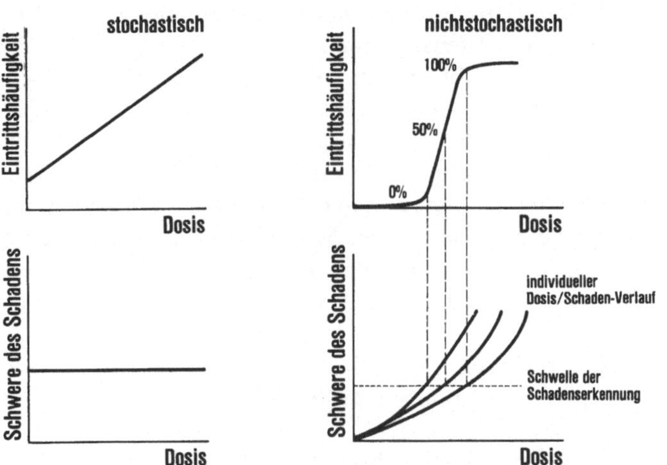

Abb.39. Verlauf von Schadeneintrittshäufigkeit und Schadensschwere in Abhängigkeit von der Dosis für stochastische und nichtstochastische Strahlenschäden

zelfall ist, ist unabhängig von der Höhe der auslösenden Dosis. Abbildung 39 zeigt schematisch den Verlauf der Dosiswirkungskurven bei stochastischer und nichtstochastischer Strahlenwirkung.

Die wichtigste stochastische Wirkung ist die Krebsentstehung. Dieses Strahlenrisiko wird bei niedriger Dosis als Hauptproblem des Strahlenschutzes angesehen.

Wichtigste Datenquelle für eine Abschätzung des Strahlenrisikos sind die Untersuchungen der Krebshäufigkeit an den Überlebenden der Atombombenexplosionen in Hiroshima und Nagasaki, die nach der Explosion einer kurzzeitigen und zum Teil recht hohen Ganzkörperbestrahlung von 0,1 bis mehr als 4 Gy ausgesetzt waren. Diese strahlenexponierte Gruppe ist für eine Ermittlung des Strahlenrisikos besonders relevant, denn sie umfaßt
- viele Personen (ca. 100 000),
- beide Geschlechts- und alle Altersgruppen,
- ein breites Dosisspektrum,
- die relevanten Strahlenarten (β, γ, Neutronen) und
- eine intensive epidemiologische Untersuchung über lange Zeit.

Der Einfluß einer Strahlenexposition auf die Erkrankungsrate in den betroffenen Bevölkerungsgruppen kann immer nur bis zur Gegenwart untersucht werden. Wenn – wie im Fall der Hiroshima/Nagasaki-Bevölkerung – die meisten der in ihrer Jugend exponierten Personen noch leben, müssen zeitliche Extrapolationshypothesen aufgestellt werden, um das Risiko bis zum Lebensende abschätzen zu können.

Beim relativen Extrapolationsmodell, das auf alle soliden Tumoren mit Ausnahme der Osteosarkome angewandt wird, folgt nach einer Latenzzeit nach einer Bestrahlung eine proportionale Erhöhung der jeweiligen altersspezifischen Tumorrate. Das absolute Modell, das für Leukämien und Osteosarkome angewandt wird, ergibt nach einer Latenzzeit eine vorübergehende erhöhte Häufigkeit, die nach einigen Jahren wieder abklingt und in die Spontanrate übergeht. Die Tumorinzidenz steigt im absoluten Modell zunächst stärker an als im relativen Modell. Jedoch führt das relative Modell im Alter zu höheren Inzidenzen. Die Abbildung 40 verdeutlicht schematisch den Unterschied.

Gegenüber früheren Risikoabschätzungen, die z. B. zur ICRP-Empfehlung von 1977 führten, bestehen zwei wesentliche Änderungen:
- Ersatz des „alten" T65D-Dosimetriesystems [Tentative 1965 Dose] durch das „neue" DS 86-Dosimetriesystem,
- längere Beobachtungsperiode (bis 1985).

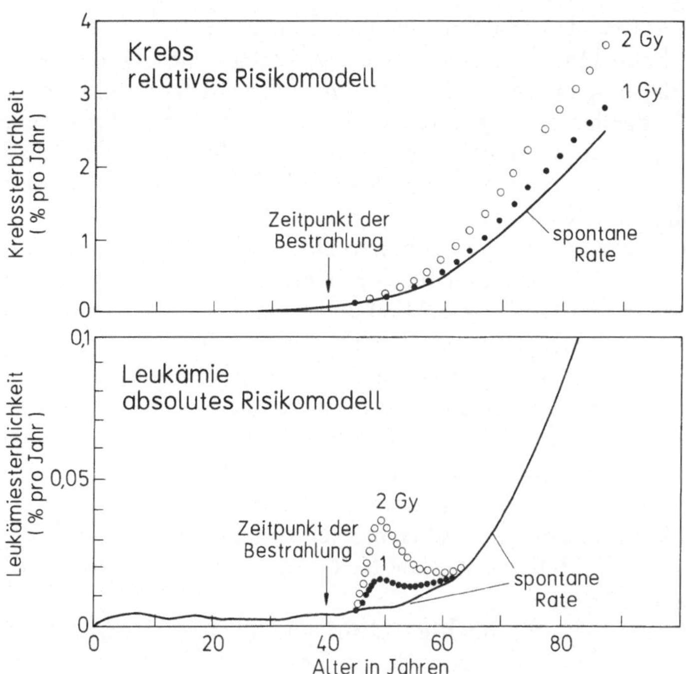

Abb. 40. Schematische Darstellung des relativen und absoluten Zeitextrapolationsmodells für die zusätzliche Krebssterblichkeitsrate bei einmaliger Bestrahlung

Das Dosimetriesystem DS 86 führt insgesamt zu einer reduzierten Äquivalentdosis der Personen. Die längere Beobachtungsperiode (1950–1985) ermöglicht eine deutlich bessere Beurteilung der Empfindlichkeit einer Bestrahlung in der Jugend und der zeitlichen Verfolgung der Erkrankungsraten ins höhere Alter.

Für hohe Dosen und hohe Dosisraten ermittelte die ICRP – überwiegend aus den Daten von Hiroshima und Nagasaki – einen Risikofaktor von 8% pro Sv für die Altersgruppe der Berufstätigen (18. bis 65. Lebensjahr) und 10% pro Sv für die Gesamtbevölkerung. Die Tabelle 31 gibt einen Überblick über Daten anderer Gremien. Die Tatsache, daß die Quantifizierung des Strahlenrisikos einigen Unsicherheiten unterliegt, ist darauf zurückzuführen, daß im Vergleich zu „alltäglichen" Krebsrisiken – in der Bundesrepublik Deutschland sterben etwa 22% der Menschen an Krebs – die ionisierende Strahlung ein verhältnismäßig schwaches Carcinogen ist. Wäre dies nicht so, dann wäre es wesentlich einfacher, mit größerer Genauigkeit Strahlenrisiken zu quantifizieren.

Alle diese Untersuchungen betreffen hohe Strahlendosen und/
oder hohe Dosisleistungen. Für den Bereich niedriger Dosen und
Dosisleistungen, wie sie beim Normalbetrieb kerntechnischer Anlagen in der Umgebung auftreten können – einige Mikrosievert pro
Jahr –, gibt es keine statistisch gesicherten Meßdaten. Deshalb müssen Extrapolationen aus dem Bereich hoher Dosen und Dosisraten
durchgeführt werden.

Zur Übertragung der bei hohen Dosen ermittelten Risikofaktoren
(vgl. Tabelle 31) auf den für Strahlenschutzzwecke relevanten Bereich niedriger Dosis (< 0,2 Gy) und niedriger Dosisleistung wurden
von den wissenschaftlichen Gremien aus den epidemiologischen Daten unterschiedliche Reduktionsfaktoren für Strahlung mit niedrigem linearem Energieübertragungsvermögen (LET) abgeleitet. Zu
Strahlung mit niedrigem LET gehören Beta-, Gamma- und Röntgenstrahlen. Für Strahlung mit hohem LET (z. B. Alphastrahlung) wird
kein Reduktionsfaktor angewandt. UNSCEAR nimmt für diesen
Reduktionsfaktor einen Wertebereich von 2 bis 10 an, BEIR V empfiehlt 2 und NUREG 3,3. Die ICRP hat den Reduktionsfaktor vor-
läufig mit 2 bestimmt.

Daraus folgt für niedrige Dosis und niedrige Dosisleistung ein
Krebsmortalitätsrisiko von 4% pro Sievert für die 18- bis 65 jährigen

Tabelle 31. Zusätzliches Krebsmortalitätsrisiko, Daten verschiedener Gremien für eine kurzzeitige Ganzkörperbestrahlung mit 1 Gy Niedrig-LET-Strahlung, allgemeine Bevölkerung

Gremium	Mortalitätsrisiko in %	
	absolutes Risikomodell	relatives Risikomodell
BEIR I, 1972	1,2	6,2
ICRP, 1977	1,25	–
UNSCEAR, 1977	2,5	–
BEIR III, 1980	0,8–2,5	2,3–5,0
NUREG, 1985	2,9	5,2
UNSCEAR, 1988	4–5	7–11
BEIR V, 1990	–	9
ICRP, 1990	–	10

Dosimetrie bis 1985: T65D, ab 1988: DS 85
BEIR: Biological Effects of Ionizing Radiation, USA;
ICRP: International Commission on Radiological Pro-
             tection;
NUREG: Nuclear Regulatory Commission, USA;
UNSCEAR: United Nations Scientific Committee on the Ef-
             fects of Atomic Radiation.

und von 5% für alle Altersgruppen. Die Anwendung des relativen Risikomodells bedingt, daß die ICRP heute das Strahlenrisiko höher einschätzt als in früheren Empfehlungen.

Die Krebshäufigkeit ist nicht für alle Organe bei gleicher Strahlendosis gleich. Einen Überblick über das unterschiedliche Krebsrisiko für den Bereich niedriger Dosen geben die Daten von ICRP in der Tabelle 32.

Eine weitere stochastische Wirkung ist die Veränderung des Erbmaterials durch ionisierende Strahlung. Beobachtungen hauptsächlich an kleinen Säugetieren und niederen Lebewesen haben Daten über die Häufigkeit der Erbveränderungen durch Bestrahlung geliefert. Beobachtungen am Menschen haben die Häufigkeiten der verschiedenen natürlich auftretenden vererbbaren Krankheiten aufgezeigt. Das Ausmaß, in dem diese Krankheiten mit einer gegebenen Erhöhung der Mutationsrate ansteigen würden, wurde für die meisten Lebewesen nicht direkt nachgewiesen. So gibt es bisher beim Menschen keine statistisch gesicherten Befunde über Erbschäden bei den Nachkommen bestrahlter Eltern, obwohl z.B. rund 20 000 Nachkommen der Eltern untersucht wurden, die durch die Atombombenexplosion in Hiroshima und Nagasaki hohen Strahlendosen ausgesetzt waren. Es wird angenommen, daß die Häufigkeit dominanter, geschlechtsgebundener und bestimmter chromosomaler Erkrankungen direkt proportional zur Dosis ansteigt (lineare Dosis-Wirkungs-Beziehung).

Tabelle 32. Krebsmortalitätsrisiko für verschiedene Organe nach ICRP 1990, gültig für die Gesamtbevölkerung

Organ	Krebsmortalitätsrisiko, % pro Sv
Blase	0,30
Brust	0,20
Dickdarm	0,85
Eierstöcke	0,10
Haut	0,02
Knochenoberfläche	0,05
Knochenmark, rotes	0,50
Leber	0,15
Lunge	0,85
Magen	1,10
Schilddrüse	0,08
Speiseröhre	0,30
übrige	0,50
gesamt	5

Tabelle 33. Daten zum genetischen Strahlenrisiko

Gremium		Wahrscheinlichkeit für schwere Erbschäden, % pro Sv (bezogen auf eine Dosis von 1 Sv vor der Empfängnis)	
		1. Generation	in allen Folgegenerationen
ICRP	(1977)	0,5	2
UNSCEAR	(1977)	0,63	1,85
BEIR-III	(1980)	0,15–0,75	0,6–11
UNSCEAR	(1982)	0,22	1,5
UNSCEAR	(1988)	0,18	1,2
BEIR-V	(1990)	0,15–0,4	1,15–2,15
ICRP	(1990)		1

Eine tabellarische Zusammenfassung der Daten über die Wahrscheinlichkeit von Erbschäden nach ICRP, UNSCEAR und BEIR gibt die Tabelle 33. Angegeben ist jeweils die Wahrscheinlichkeit für einen schwerwiegenden Erbschaden bei einer Dosis von 1 Sv eines Elternteils vor der Empfängnis. Die Anzahl „natürlicher" erbbedingter Schädigungen beträgt einige hundert pro 10 000 Lebendgeburten. Nach heutiger Kenntnis ist damit das größere Strahlenrisiko für die Menschheit das somatische Krebsrisiko und nicht die mögliche Erbgutschädigung.

2.2.3 Strahlenbedingte Entwicklungsstörungen im Embryo

Nachdem Bohn schon 1903 nach Radiumbestrahlungen von Seeigeleiern und Embryonen von Amphibien Mißbildungen feststellte, wurden zahlreiche Bestrahlungsversuche an sich entwickelnden Lebewesen durchgeführt, man spricht hier von Strahlenembryologie. Als Strahlenwirkung lassen sich sowohl stochastische als auch nichtstochastische Wirkungen nachweisen. Da Zellen in der Regel bei starker Vermehrungstätigkeit empfindlicher auf die Strahlung reagieren, gilt das auch für den schnell wachsenden Organismus des Embryos (Präimplantations- und Organbildungsperiode) und des Fötusses. Besonders empfindlich reagiert der Embryo während der Organentwicklung, beim Menschen zwischen dem 9. und 40. Tag nach der Empfängnis. Beim Menschen sind nur für eine hohe Dosis Schädigungen nachgewiesen, so bei Kindern von Frauen, die die Atombombenabwürfe überlebten und damals schwanger waren. Bei einer Gruppe, deren Strahlenbelastung nach dem Atombombenabwurf auf 0,25 Gy geschätzt wird, war das Wachstum durchschnittlich um 2,5 cm, das Gewicht um 3 kg und der Kopfumfang um 1,1 cm gegenüber einer nichtbestrahlten Vergleichsgruppe von Kindern zurückgeblieben. Da aber von Versuchen bei Nagetieren bekannt ist, daß bereits etwa das Zehnfache der natürlichen Jahresstrahlenbelastung nachweisbare Entwicklungsstörungen beim Embryo hervorrufen kann, müssen diese Erfahrungen bis zum endgültigen Beweis auch auf den Menschen übertragen werden. Deshalb werden während einer Schwangerschaft Röntgenuntersuchungen zur Diagnose nur bei entsprechender ärztlicher Empfehlung durchgeführt.

VI. Risikoabschätzung

1. Voraussetzungen für Strahlenschutzempfehlungen

Nicht nur qualitative, sondern auch quantitative Risikoabschätzungen der Wirkung ionisierender Strahlen auf den Menschen sind die Voraussetzung, um sinnvolle Strahlenschutzempfehlungen als Grundlage für gesetzliche Regelungen zu erarbeiten. Aufgrund der in Kapitel V beschriebenen, bekannten Strahlenschäden am Menschen und den strahlenbiologischen Erkenntnissen läßt sich folgendes feststellen:

- Kein Umwelteinfluß auf den Menschen, der Spätschäden hervorrufen kann, ist so genau untersucht wie der Einfluß ionisierender Strahlung. Die Untersuchung der Auswirkungen chemischer Substanzen, die ebenfalls Krebs oder Erbgutschäden hervorrufen können, ist noch am Anfang. Das gilt für mehrere tausend verdächtige Präparate unter den ca. 45 000 vom Menschen erzeugten und verwendeten Chemikalien. Das gilt aber auch für natürliche Substanzen. So finden wir in Lebensmitteln Aflatoxine, das sind von gewissen Schimmelpilzen erzeugte Giftstoffe, im Wasser durch Kleinstalgen erzeugte Gifte und in der Luft Schwefeldioxid (SO_2), das zu 80% aus Vulkanen und bei der Verwesung von Organismen freigesetzt wird, sowie nitrose Gase, die weltweit zu ca. 94% durch Mikroorganismen im Boden und durch elektrische Entladungen (Blitz) erzeugt werden.
- Die Erfahrungen über Strahlenschädigungen beim Menschen sind ausschließlich bei hoher Dosis und Dosisleistung gewonnen worden. Das gilt weitgehend auch für die strahlenbiologischen Experimente an Tieren und Pflanzen, wobei hier noch für die Übertragbarkeit der Ergebnisse auf den Menschen Vorbehalte gemacht werden müssen.
- Im Dosisbereich der natürlichen Strahlenexposition, die auf der Erde auch für größere Bevölkerungsgruppen sehr unterschiedlich ist, konnten bei epidemiologischen Untersuchungen keine statistisch gesicherten Auswirkungen der unterschiedlich hohen Strahlenbelastung auf den Menschen nachgewiesen werden. Deshalb

heißt es im 1980 erschienenen Bericht des Komitees zur Beurteilung biologischer Effekte durch ionisierende Strahlung der nationalen Akademie der Wissenschaften in den Vereinigten Staaten von Amerika zum Problem niedriger Dosis:

„Das Komitee weiß nicht, ob Gamma- oder Röntgenstrahlung von etwa 1 mGy pro Jahr für den Menschen schädlich ist. Jede somatische Wirkung bei dieser Dosisrate würde von Umwelt- und anderen Faktoren überdeckt, die dieselbe somatische Wirkung wie ionisierende Strahlen hervorrufen können. Für höhere Dosisraten, beispielsweise einige zehn mGy/Jahr über eine lange Zeitspanne, könnte sich ein erkennbarer karzinogener Effekt manifestieren“.

Um Strahlenschutzmaßnahmen begründen zu können, müssen Annahmen über die Strahlengefährdung auch in einem Dosisbereich gemacht werden, für den keine experimentell gesicherten Erkenntnisse vorliegen. Man muß sich mit Extrapolationen begnügen. Da es aber genausowenig gesicherte experimentelle Hinweise gibt, daß Krebsentstehung und vererbbare Schäden nicht stochastisch sind, also unterhalb einer Schwellendosis nicht auftreten können, wird für Strahlenschutzzwecke vereinfachend angenommen, daß zwischen der Dosis und der Wahrscheinlichkeit einer Wirkung eine lineare Beziehung ohne Schwellenwert besteht. Auf diese Weise kann man eine obere Risikogrenze abschätzen, das wahre Risiko liegt aber unter Umständen wesentlich niedriger. Das gilt, obwohl bekannt ist, daß zumindest bei Röntgen-, Gamma- und Betastrahlung mit sinkender Dosis die Wirkung der Strahlung stärker abnimmt als bei linearer Relation angenommen und bei kleiner Dosis die Latenzzeit bis zur Manifestation von Krebs deutlich länger wird. Die Latenzzeit wird unter Umständen so groß, daß ein Lebewesen in seiner Lebensspanne nicht von Krebs befallen wird, also doch eine Art Schwellenwert bestehen kann.

Wie problematisch die lineare Extrapolation von bei hoher Dosis gewonnenen Risikowerten auf eine kleine Dosis ist, läßt sich beim Lungenkrebs zeigen, der sowohl durch Strahlung als auch durch Zigarettenrauchen verursacht werden kann: Von 200 Männern mittleren Alters, die jeweils 8000 Zigaretten jährlich (ca. 1 Päckchen pro Tag) rauchen, das vom Risiko her gleichbedeutend mit einer Strahlendosis von 0,1 Sv/Jahr ist, stirbt statistisch gesichert einer pro Jahr. Ob aber in einer Gruppe von 20 000 Männern mittleren Alters, die nur 80 Zigaretten pro Jahr (entspricht 1 mSv) rauchen, auch nur ein Sterbefall durch Rauchen auftritt oder gar bei 1,6 Millionen Männern, die jeweils nur 1 Zigarette pro Jahr rauchen, grenzt schon sehr an Spekulation. Dieses Risiko, das einer Strahlendosis von etwa

0,01 mSv entspricht, wird aber bei Berechnungen der Umgebungsexposition kerntechnischer Anlagen sehr wohl berücksichtigt und ernst genommen.

2. Die Abschätzung des Risikos

Für quantitative Abschätzungen des Strahlenrisikos gibt es mehrere Möglichkeiten, die hier besprochen werden sollen.

Die wissenschaftliche Lösung wäre natürlich die Berechnung des Risikos für verschiedene Krebsarten oder Erbgutschäden. Voraussetzung hierfür ist jedoch die exakte Kenntnis der Ursache/Wirkungsbeziehung für derartige Schäden. Davon ist man aber noch weit entfernt. Selbst wenn man in etwa weiß, wie sich beispielsweise eine gesunde Zelle in eine Krebszelle umwandelt, weiß man noch lange nicht, wie dann ein Zellverband oder gar der ganze Organismus reagiert. Bis dieses komplexe, biologische Geschehen aufgeklärt ist, ist dieser Lösungsweg nicht gangbar.

Im Arbeitsschutz und überhaupt in der technischen Sicherheit wird oft ein pragmatischer Weg sehr erfolgreich beschritten. Man geht vom kleinsten nachweisbaren Schaden aus und führt Sicherheitsfaktoren ein, deren Größe von der Genauigkeit der Kenntnis der Schadensschwelle abhängt, wobei aber auch ökonomische und sogar politische Überlegungen miteinbezogen werden. Beispiele sind in der Technik die zugelassene Belastung einer Brücke und im Arbeitsschutz zulässige Konzentrationswerte für Schadstoffe in der Luft. Diese Schwellenwerte bieten für Risikoüberlegungen erfahrungsgemäß eine von der Öffentlichkeit akzeptierte Sicherheit, obwohl hin und wieder eine Brücke einstürzt oder gezeigt werden kann, daß zugelassene Schadstoffkonzentrationen im Einzelfall doch einmal zu hoch sind. Die Öffentlichkeit akzeptiert hier ein gewisses Risiko. Bei ionisierender Strahlung, und nur bei ionisierender Strahlung, wird aber häufig argumentiert, ein einziges Strahlenteilchen könne Krebs oder Erbgutschäden erzeugen. Das kann nicht widerlegt werden, nur gilt dasselbe analog für zahllose Chemikalien. Es kommt darauf an, wie wahrscheinlich ein solches Ereignis ist; man sieht sehr schnell, daß ein Mensch verhungern oder verdursten müßte, wenn er ausschließlich ein Krebsrisiko gleich Null akzeptieren würde. Der Nichtwissenschaftler setzt ein für ihn kleines Risiko gleich Null. So akzeptiert der Zweiradfahrer ein hohes Verkehrsrisiko; von einem Meteor erschlagen zu werden, ist dagegen für ihn aber zu Recht ein Risiko gleich Null, auch wenn das mathematisch nicht exakt gilt. Mit

122

Tabelle 34. Unnatürliche Todesursachen in der Bundesrepublik Deutschland (1988)

Todesursache	Anteil an 1 Mio. Todesfälle
Selbstmord	15 730
Straßenverkehr	11 945
Sturz	11 520
Vergiftung	4 497
Mord, Totschlag, sonst. Gewalttaten	2 705
Verbrennung	849
Eisenbahnverkehr	397

welchen Sterberisiken Einwohner der Bundesrepublik Deutschland leben, zeigt das statistische Jahrbuch für 1988: 95,3% der Einwohner sterben eines natürlichen Todes (Krankheiten), darunter 4,2% Todesfälle durch Lungenkrebs. Bei Rauchern ist diese Krankheit zehnmal so häufig wie bei Nichtrauchern. 4,7% der Einwohner sterben durch unnatürliche Ursachen, von denen einige in Tabelle 34 aufgelistet sind.

Diese realen Mortalitätsrisiken können als Vergleichsmaßstab für neu zu ermittelnde Risiken dienen.

Der dritte Weg besteht darin, aus bekannten, bei hoher Dosis gewonnenen Daten über beispielsweise die Sterblichkeit bei verschiedenen Krebsarten und der Annahme einer bestimmten mathematischen Beziehung zwischen Dosis und Krebsentstehung ein stochastisch-somatisches Gesamtrisiko festzulegen. Die Internationale Strahlenschutzkommission ging so vor und hat den Sterblichkeitsrisikofaktor für strahleninduzierten Krebs, gemittelt für beide Geschlechter und alle Altersgruppen auf einen Fall für eine verteilte Dosis von 20 Sv ermittelt.

Wendet man diesen Risikofaktor auf die gesamte deutsche Bevölkerung mit einer Sterberate von jährlich rund 900 000 Menschen und einer durch die Kerntechnik verursachten Strahlenexposition von 60 Sv/Jahr bei allen dort Beschäftigten und der umwohnenden Bevölkerung an, dann verhält sich das Risiko „Todesursache durch die Kerntechnik" zum gesamten Sterberisiko wie drei zu einer Million. Bei diesem Risikofaktor wären aber auch ca. 9600 Krebstote jährlich auf die natürliche Strahlenexposition zurückzuführen.

Schließlich besteht noch die Möglichkeit, als Risikomaßstab die natürliche Strahlenexposition zu verwenden. Die Wirkung der Strahlung hängt von der Höhe der Dosis ab, aber nicht davon, ob die Dosis durch natürliche oder künstlich erzeugte Strahlung hervorgerufen wurde. Im Dosisbereich der natürlichen Strahlenexposition sind keine Strahlenwirkungen auf den Menschen nachgewiesen und außerdem schwankt durch unterschiedliche Lebensgewohnheiten diese natürliche Strahlenexposition von Mensch zu Mensch. Deshalb kann man davon ausgehen, daß eine zusätzliche Jahresdosis unter 0,5 mSv im natürlichen Strahlenpegel untergeht, ihre Wirkung also nicht erkennbar ist. Nicht erkennbare Wirkungen stellen aber für den Pragmatiker auch kein Risiko dar.

3. Grundsätze für den Strahlenschutz

Hauptziel des Strahlenschutzes ist es, nichtstochastische Strahlenschäden beim Menschen zu vermeiden und die stochastischen Schäden auf ein akzeptierbares Maß zu reduzieren unter Abwägung des Nutzens und der Kosten, die die Schäden verursachen. Die Internationale Strahlenschutzkommission drückt das so aus:

> „Für jeden einzelnen Beitrag aus einer Tätigkeit müssen die Individualdosen, die Anzahl exponierter Personen und die Wahrscheinlichkeit einer auch unerwarteten Bestrahlung so niedrig gehalten werden, wie es unter Berücksichtigung wirtschaftlicher und sozialer Faktoren vernünftigerweise erreichbar ist.
>
> Die Strahlenexposition von Einzelpersonen aus allen zu berücksichtigenden Tätigkeiten soll Dosisgrenzwerten oder für den Fall potentieller Expositionen einer Begrenzung des Risikos unterliegen. Dadurch soll erreicht werden, daß keine Einzelperson einem für diese Tätigkeit unter normalen Umständen nicht akzeptablen Strahlenrisiko ausgesetzt wird."

Die Grundmaxime, „so niedrig wie vernünftigerweise erreichbar", auch als ALARA-Prinzip (As Low As Reasonably Achievable) bekannt, ist durch die Rechtfertigung der Verwendung ionisierender Strahlen, durch die Optimierung der Strahlenschutzmaßnahmen und durch den Schutz des Individuums gekennzeichnet.

Unter Rechtfertigung des Einsatzes ionisierender Strahlen versteht man die Überlegung, ob der Einsatz überhaupt notwendig oder zweckmäßig ist (z. B. bei Leuchtzifferblättern) und wenn ja, welche technische Alternative besteht, dasselbe Ziel anders zu erreichen. Wenn in der Nuklearmedizin für eine bestimmte Diagnose ein ausgewähltes Radionuklid optimal ist, gilt das für alle derartigen Diagnosen. In bestimmten Fällen der Diagnose sollte individuell entschieden werden, ob z. B. zwischen Ultraschall- und Röntgengeräteeinsatz gewählt werden kann. Die Erfahrung zeigt, daß beim Vergleich alternativer Möglichkeiten häufig die Strahlengefährdung überschätzt, dagegen andere Gefahren unterschätzt werden.

Im Prinzip kann der Nutzen mit Hilfe einer – nicht immer einfachen – Kosten/Nutzenanalyse bestimmt werden, wobei unter Kosten die Gesamtsumme aller negativen Aspekte eines Vorgangs wie finanzielle Aufwendungen und Folgeschäden für Mensch und Umwelt verstanden werden. Auch bei der Optimierung der Schutzmaßnahmen muß man zwischen den Kosten für diese Schutzmaßnahmen, d.h. für finanzielle Aufwendungen für Löhne, Baumaßnahmen und technische Geräte (Anschaffung, Betrieb, Wartung), und den Kosten für das Unfallrisiko des Personals und dessen Strahlenexposition sowie dem Nutzen durch eine reduzierte Strahlenexposition anderer Bevölkerungsgruppen abwägen. Hierbei ist es zweckmäßig, die Strahlenexposition geldlich zu bewerten. Das bedeutet eine relative Bewertung der menschlichen Gesundheit, wie das unter Berücksichtigung wirtschaftlicher und sozialer Faktoren auch im Umweltschutz, im Arbeitsschutz und bei der Unfallverhütung allgemein üblich und notwendig ist.

Da die durch die ionisierende Strahlung auf das menschliche Gewebe übertragene Energie, gemessen als Energiedosis mit der Einheit Gray, noch kein ausreichendes Maß für Schädigungen darstellt, wurde für Strahlenschutzzwecke eine weitere Größe, die effektive Äquivalentdosis mit der Einheit Sievert eingeführt. Sie berücksichtigt das unterschiedliche stochastische Strahlenrisiko der einzelnen Organe (vgl. Tabelle 32), indem sie eine Summendosis aus der Einzeldosis der Organe bildet, wobei jedes Organ entsprechend seiner Strahlengefährdung mit einem Wichtungsfaktor versehen wird (Tabelle 35). Mit diesem Konzept kann das gesamte Strahlenrisiko aus externer, interner und Teilkörperbestrahlung quantitativ erfaßt werden.

Zur geldlichen Bewertung der Strahlendosis von einem Sievert, d.h. des Schadens, der dadurch möglicherweise hervorgerufen wird, und zur Bewertung der Kosten von Schutzmaßnahmen, die zur Verminderung der Dosis um ein Sievert führen, ist folgende Überlegung üblich:

Je 20 Sv effektive Äquivalentdosis – verteilt auf viele Menschen – tritt maximal ein Todesfall als Spätschaden, beispielsweise durch Krebs, auf. Mit Hilfe der Versicherungsmathematik kann man abschätzen, was die Folgen eines bestimmten Krebsfalles, abhängig vom Alter und Geschlecht, an Kosten verursachen. Damit erhält man auch die sogenannten Sozialkosten (nach ICRP) von einem Sievert. Man kann auch untersuchen, was eine Berufsgenossenschaft bei ei-

Tabelle 35. Gewebe-Wichtungsfaktor nach ICRP 1990

Organ, Gewebe	Wichtungsfaktor
Keimdrüsen	0,2
Dickdarm rotes Knochenmark Lunge Magen	je 0,12
Blase Brust Leber Schilddrüse Speiseröhre	je 0,05
Haut Knochenoberfläche	je 0,01
übrige Organe	0,05

ner tödlichen Berufskrankheit an Leistungen erbringt, um einen Anhaltspunkt für die geldliche Bewertung von einem Sievert zu erhalten. Sinnvollerweise ist bei solchen Berechnungen die durch die Strahlendosis entstandene Verkürzung der Lebenserwartung zu berücksichtigen. Solche Rechnungen sind – auch unter Einbeziehung von Sicherheitsfaktoren – nur dann berechtigt, wenn die jährliche Einzeldosis mehr als 10 mSv effektive Äquivalentdosis beträgt. Mögliche *Schäden* durch eine Einzeldosis von 0,1 mSv/a sind bereits um mindestens *zwei Zehnerpotenzen* aus dem gesicherten Bereich extrapoliert. Bei diesen innerhalb der Schwankungsbreite des natürlichen Strahlenpegels liegenden Werten sind Aussagen über die Strahlungswirkung fragwürdig. Deshalb wird auch immer wieder empfohlen, die individuelle Kleinstdosis für derartige Berechnungen wegzulassen, da die Summe aus kleinsten Individualdosen auf große Bevölkerungsmassen verteilt eine Gefahr vortäuschen kann, die auf äußerst fragwürdigen Annahmen beruht und für die möglicherweise nur ein sehr geringes Restrisiko besteht.

Man kann weiter untersuchen, wieviel zur Zeit tatsächlich national und international auf verschiedenen Gebieten ausgegeben wird, um unser höchstes Ziel, nämlich Leben zu retten, zu erreichen. Der Vergleich zeigt, daß eine obere Grenze von zur Zeit 50 000 DM pro eingespartem Sievert „unter Berücksichtigung wirtschaftlicher und sozialer Faktoren" nicht überschritten werden sollte, wobei es sicher sinnvoll ist, bei sehr kleiner Individualdosis diesen Wert eher zu unterschreiten als zu überschreiten.

Obwohl die Grundsätze zur Rechtfertigung des Strahleneinsatzes und zur Optimierung der Schutzmaßnahmen den Strahlenschutz für die gesamte Bevölkerung maximieren, ist damit wegen der individuell unterschiedlichen Verteilung von Kosten und Nutzen noch nicht gesichert, daß jeder Einzelne ausreichend Schutz erhält. Deshalb werden zusätzlich für jede Person obere Dosisgrenzwerte festgesetzt, die unabhängig von allgemeinen Optimierungsüberlegungen nicht überschritten werden dürfen. Damit ist gewährleistet, daß der größtmögliche Schaden für den Einzelnen unter einem annehmbaren Wert liegt, der beispielsweise für beruflich strahlenexponierte Personen dem Berufsrisiko anderer Industriezweige entspricht. Aus diesen Überlegungen zum Dosisgrenzwert ist eine Hierarchie von einzelnen Grenzwerten für den praktischen Strahlenschutz abgeleitet worden, wobei klar sein muß, daß einzelne Werte immer nur als entsprechende Ableitungen aus dem ursprünglichen Dosisgrenzwert anzusehen sind.

4. Strahlenschutzgrenzwerte der Internationalen Strahlenschutzkommission

Strahlenschutzgrundsätze und Strahlenschutzregelungen internationaler Gremien wie der Internationalen Atomenergie-Organisation (IAEO), der Weltgesundheitsorganisation (WHO), der supranationalen Stellen wie Euratom und auch nationale Verordnungen und Richtlinien basieren weitgehend auf den Empfehlungen der schon mehrfach erwähnten Internationalen Strahlenschutzkommission.

Die Internationale Strahlenschutzkommission (International Commission on Radiological Protection, ICRP) wurde vom Zweiten Internationalen Kongreß für Radiologie im Jahre 1928 gegründet. Sie wird heute als die wichtigste Institution für die Erstellung allgemeiner Richtlinien und Empfehlungen für den Strahlenschutz und für die Anwendung von Strahlenquellen angesehen. Die Internationale Strahlenschutzkommission besteht aus einem Vorsitzenden und maximal zwölf weiteren Mitgliedern. Die Wahl der Mitglieder erfolgt durch die ICRP und bedarf der Zustimmung des Exekutivkomitees des Internationalen Radiologiekongresses. Die Mitglieder der ICRP werden aufgrund ihrer anerkannten Leistungen auf den Gebieten der medizinischen Radiologie, des Strahlenschutzes, der Physik, der medizinischen Physik, der Biologie, der Genetik, der Biochemie und der Biophysik ausgewählt. Zur Durchführung ihrer

Aufgaben kann die ICRP Komitees und ad hoc-Arbeitsgruppen einsetzen, um so durch weitere Experten die Kenntnis zu erweitern und die Erarbeitung von Empfehlungen zu beschleunigen.

4.1 Der Weg zu unseren heutigen Grenzwerten

1925: Mutscheller empfiehlt aufgrund seiner Untersuchungen an medizinischem Röntgenpersonal eine Toleranzdosis von weniger als ¹⁄₁₀₀ der Dosis innerhalb von 30 Tagen, die eine Hautrötung hervorruft (Erythem-Dosis). Diese Empfehlung beruhte auf der Feststellung, daß diese Strahlendosis toleriert werden konnte, da sie zu keinen erkennbaren Schäden führte.

1934: ICRP empfiehlt eine Toleranzdosis von 0,2 Röntgen/Tag (2 mSv/Tag). Dies entspricht der Empfehlung Mutschellers von 1925, denn die akute Dosis zu Erzeugung eines Erythems mit den damaligen Strahlenqualitäten lag bei etwa 600 Röntgen (¹⁄₁₀₀ von 600 Röntgen innerhalb von 30 Tagen ergibt 0,2 Röntgen/Tag).

1950: ICRP empfiehlt einen Grenzwert von 0,6 rem/Woche (6 mSv/Woche) für die Haut und 0,3 rem/Woche (3 mSv/Woche) – entsprechend 150 mSv pro Jahr – für die blutbildenden Organe, die Gonaden und die Augenlinsen.

1958: ICRP empfiehlt für die blutbildenden Organe, die Gonaden und die Augenlinsen einen Grenzwert von 5 rem/Jahr (50 mSv/Jahr), mit der ergänzenden Festlegung, daß bis zum Erreichen der vom Lebensalter N abhängigen maximalen Gesamtdosis D = 5 rem × (N−18) die Dosis jeweils 3 rem in 13 Wochen – also maximal 12 rem/Jahr (120 mSv/Jahr) – betragen darf.

1977: ICRP empfiehlt einen Grenzwert der effektiven Dosis von 50 mSv/Jahr für die berufliche Strahlenexposition und von 1 mSv/Jahr für die Strahlenexposition der Bevölkerung. Zusätzlich bestehen Teilkörper-Dosisgrenzwerte.

1990: ICRP empfiehlt für beruflich strahlenexponierte Personen einen Grenzwert der effektiven Dosis von 20 mSv/Jahr, gemittelt über einen Zeitraum von fünf aufeinanderfolgenden Jahren, wobei der Dosiswert in einem einzelnen Jahr 50 mSv nicht überschreiten darf.

Da im Laufe der Jahre die Grenzwerte auf sehr unterschiedliche Weise festgelegt wurden (Hautdosis, Gonadendosis, Ganzkörperdosis, effektive Dosis) ist ein Vergleich nicht einfach möglich. Generell läßt sich aber eine Reduktion der Grenzwerte feststellen, wobei es auch gegenläufige Effekte gab. So z. B. lag der Grenzwert für die Augenlinsen 1950 bei 150 mSv/Jahr, 1965 bei 50 mSv/Jahr, 1969 für dicht ionisierende Strahlen bei 150 mSv/Jahr, 1977 bei 300 mSv/Jahr und ab 1980 wieder bei 150 mSv/Jahr. Und der 1990 festgesetzte Grenzwert der Hautdosis von 500 mSv/Jahr zur Vermeidung nichtstochastischer Strahlenschäden entspricht dem Grenzwert von 1925, der in die heutige Dosiseinheit umgerechnet bei 250 Arbeitstagen 500 mSv/Jahr beträgt.

4.2 Dosisgrenzwerte der ICRP-Empfehlung von 1990

ICRP legt in ihrer Empfehlung von 1990 Dosisgrenzwerte für die beruflich strahlenexponierten Personen und die Bevölkerung fest. Die Dosis aus der Anwendung ionisierender Strahlen oder radioaktiver Stoffe zu Diagnose oder Therapie in der Medizin unterliegt nicht dieser Grenzwertfestsetzung. Ebenso unterliegt die natürliche Strahlenexposition nicht den Grenzwerten. Bezüglich der Strahlendosis durch Radon und Radonfolgeprodukte in Häusern nennt ICRP das Erreichen einer bestimmten Radonkonzentration ($500 \, Bq/m^3$) als überlegenswert für das Einleiten von Gegenmaßnahmen.

Die für die jeweiligen Bevölkerungsgruppen festgelegten Grenzwerte sind nach ICRP nicht die Schwelle von „gefahrlos" zu „gefährlich", sondern sie stellen den Übergang vom noch tolerierbaren Risikobereich in den nicht akzeptablen Risikobereich dar.

4.2.1 Dosisgrenzwerte der ICRP
für beruflich strahlenexponierte Personen

Bei ihren Empfehlungen aus dem Jahr 1977 über Dosisgrenzwerte für beruflich strahlenexponierte Personen verglich ICRP das Risiko beim beruflichen Umgang mit Strahlen mit dem Risiko in anderen Berufen, die aufgrund statistischer Daten einen hohen Sicherheitsgrad aufweisen. Zu diesen zählen im allgemeinen Berufe, bei denen die mittlere jährliche Sterblichkeit infolge von Berufsunfällen einen Wert von 100 berufsbedingten Todesfällen pro Jahr pro 1 Million Beschäftigte unterschreitet. Für alle Berufszweige beträgt in der Bundesrepublik dieser Wert 130 Todesfälle pro Jahr pro 1 Million Beschäftigte, für den Untertagebergbau 540, für den Gesundheitsdienst 40. Hierbei ist zu berücksichtigen, daß diese Risikogröße das durchschnittliche Risiko für alle Beschäftigten dieses Berufszweiges darstellt. Dieses Konzept hatte aber einige Nachteile: tatsächliche Sterbefallrisiken werden mit potentiellen strahlenbedingten Risiken verglichen; Mortalitätsdaten werden über einen ganzen Berufszweig gemittelt, während die daraus abgeleiteten Grenzwerte für Individuen gelten; nicht-tödliche Erkrankungen bleiben unberücksichtigt.

Die internationale Strahlenschutzkommission hat daher bei der Erarbeitung ihrer neuen Empfehlungen über Dosisgrenzwerte den komplexeren Weg über eine Mehrparameteranalyse beschritten, da das Strahlenrisiko „Tod durch Krebs" durch sehr unterschiedliche Parameter bewertet werden kann, z. B. durch
– die Wahrscheinlichkeit für strahlenbedingten Tod,
– den Verlust an Lebensjahren, falls strahlenbedingter Tod eintritt,
– die Verminderung der Lebenserwartung,
– die zeitliche Verteilung der strahlenbedingten Krebssterblichkeitsrate,
– den Anstieg der altersspezifischen Sterberate.

Die genannten Parameter beziehen sich nur auf Sterblichkeit. Aber das Risiko für tödlichen Krebs ist nur ein Teil des gesamten Strahlenrisikos. Die Internationale Strahlenschutzkommission hat daher andere Risikogrößen wie heilbaren Krebs und vererbbare Schäden mit jeweils rund 20% des Beitrags durch tödlichen Krebs zusätzlich berücksichtigt.

Die Tabelle 36 enthält für einige der genannten Parameter die entsprechenden Werte auf der Basis der ICRP-Risikodaten von 1990 unter der Annahme einer jährlichen Strahlenexposition von 10, 20, 30 oder 50 mSv vom 18. bis zum 65. Lebensjahr.

Die Abbildung 41 zeigt den altersabhängigen Verlauf der strahlenbedingten Krebssterblichkeit für verschiedene jährliche Strahlenexpositionen vom 18. bis 65. Lebensjahr.

Auf der Basis dieser Daten empfiehlt die Internationale Strahlenschutzkommission für die beruflich strahlenexponierten Personen ei-

Tabelle 36. Strahlenbedingte Risiken in Abhängigkeit von der effektiven Jahresdosis; Berufstätige, Exposition vom 18. bis 65. Lebensjahr

	10	20	30	50
Jährliche effektive Dosis (mSv)	10	20	30	50
entspricht einer Berufslebensdosis (Sv)	0,5	1,0	1,4	2,4
Wahrscheinlichkeit für tödlichen Krebs (%)	1,8	3,6	5,3	8,6
Beitrag für nicht-tödliche Krebse (%)	0,35	0,7	1,1	1,7
Beitrag für vererbbare Schäden (%)	0,35	0,7	1,1	1,7
Verlust an Lebensjahren, falls strahlenbedingter Tod eintritt (in Jahren)	13	13	13	13
mittlerer Verlust an Lebenserwartung im Alter von 18 Jahren (in Jahren)	0,2	0,5	0,7	1,1

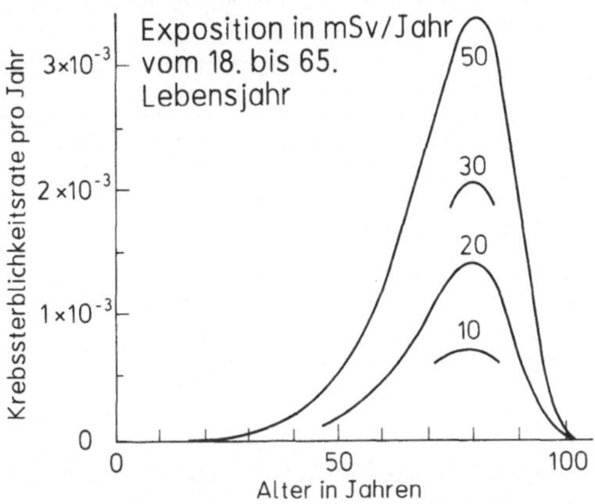

Abb. 41. Verlauf der strahlenbedingten zusätzlichen Krebssterblichkeitsrate als Funktion der Jahresdosis und des Alters für Expositionen vom 18. bis zum 65. Lebensjahr

nen Grenzwert der effektiven Dosis von 20 mSv/Jahr, gemittelt über einen Zeitraum von fünf aufeinanderfolgenden Jahren, aber maximal 50 mSv in einem einzelnen Jahr. Nach ICRP genügt diese Begrenzung der effektiven Dosis, um deterministische Wirkungen in den Körpergeweben und Organen auszuschließen, ausgenommen die Augenlinsen, deren Beitrag zur effektiven Dosis gering wäre, und der Haut, die hohen lokalen Expositionen ausgesetzt sein kann. Für diese Organe wurden eigene Grenzwerte festgesetzt (Tabelle 38).

4.2.2 Dosisgrenzwerte der ICRP für die Bevölkerung

Zur Begründung und Festlegung von Dosisgrenzwerten für die Bevölkerung bietet sich einerseits eine Vorgehensweise wie für beruflich strahlenexponierte Personen an, andererseits kann aber auch die Variation der natürlichen Strahlenexposition als Grundlage dienen.

Die Tabelle 37 gibt für die Gesamtbevölkerung für verschiedene jährliche Strahlenexpositionen vom 1. bis 75. Lebensjahr die entsprechenden Risikodaten an, wobei wiederum Risikobeiträge für nichttödliche Krebserkrankungen mit 20 % des Beitrags für Krebsmortalität und vererbbare Schäden – $1,3 \cdot 10^{-2}$ Sv^{-1} – berücksichtigt werden. Die Abbildung 42 zeigt den altersabhängigen Verlauf der strahlenbedingten Krebssterblichkeitsrate.

Nimmt man die natürliche Strahlenexposition als Bewertung für die Festsetzung von Grenzwerten, so ist zu berücksichtigen, daß die natürliche Strahlenexposition nicht unschädlich ist; sie wird aber, da

Tabelle 37. Strahlenbedingte Risiken in Abhängigkeit von der effektiven Jahresdosis; gesamte Bevölkerung, Exposition bis zum 75. Lebensjahr

Jährliche effektive Dosis (mSv)	1	2	3	5
Wahrscheinlichkeit für tödlichen Krebs (%)	0,4	0,8	1,1	2,0
Beitrag für nicht-tödliche Krebse (%)	0,1	0,15	0,2	0,4
Beitrag für vererbbare Schäden (%)	0,1	0,2	0,3	0,5
Verlust an Lebensjahren, falls strahlenbedingter Tod eintritt (in Jahren)	13	13	13	13
mittl. Verlust an Lebenserwartung im Alter von 0 Jahren (in Jahren)	0,05	0,1	0,16	0,27

sie offensichtlich nur einen kleinen Beitrag zu allen naturbedingten Gesundheitsbeeinflussungen liefert, akzeptiert. Um so mehr gilt das für die lokale und regionale Variation der natürlichen Strahlenexposition. Ohne die aus verschiedenen Gründen gesondert zu betrachtende radonbedingte Dosis beträgt die natürliche effektive Dosis rund 1 mSv/Jahr, mit Werten, die höhenbedingt oder aufgrund geologischer Gegebenheiten mehr als doppelt so groß sein können.

Unter Berücksichtigung all dieser Überlegungen empfiehlt die Internationale Strahlenschutzkommission für die Bevölkerung einen Grenzwert für die effektive Dosis von 1 mSv/Jahr. Unter besonderen Umständen kann ein höherer Wert gerechtfertigt sein, wenn der Mittelwert über fünf Jahre 1 mSv/Jahr nicht übersteigt. Zur Festlegung

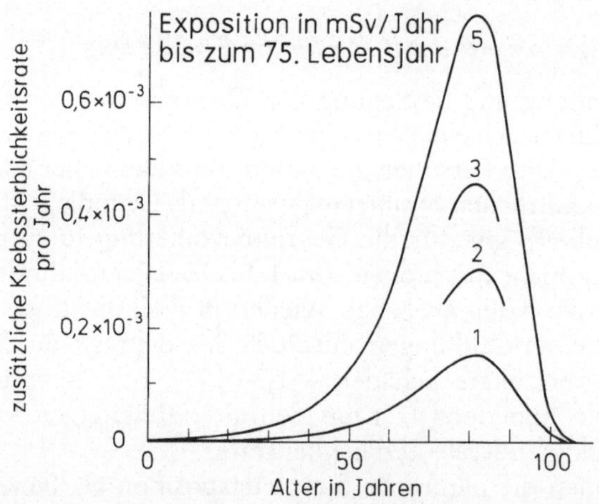

Abb. 42. Verlauf der strahlenbedingten zusätzlichen Krebssterblichkeitsrate als Funktion der Jahresdosis und des Alters für Expositionen vom 1. bis 75. Lebensjahr

der Grenzwerte der Teilkörperdosis für die Augenlinsen und die Haut hält ICRP gegenüber den Grenzwerten für beruflich strahlenexponierte Personen einen willkürlich festgesetzten Reduktionsfaktor von zehn für gerechtfertigt.

4.2.3 Grenzwerte der ICRP von 1990 und der Strahlenschutzverordnung von 1989

Die Tabelle 38 enthält die Zusammenfassung aller in der ICRP-Empfehlung von 1990 aufgelisteten Dosisgrenzwerte für Berufstätige und die Bevölkerung. Die Grenzwerte sind anzuwenden auf die Summe aus allen relevanten Strahlendosen durch externe Exposition im betreffenden Zeitraum und den 50-Jahre-Folgedosen (70-Jahre-Folgedosen bei Kindern) infolge von Aktivitätszufuhren im selben Zeitraum.

Diese Grenzwertempfehlungen der ICRP basieren ganz wesentlich auf den neuesten Krebssterblichkeitsdaten der Überlebenden von Hiroshima und Nagasaki (bis 1985) und der Annahme eines relativen Zeitextrapolationsmodells für die zukünftige strahlenbedingte Krebssterblichkeit in dieser Bevölkerungsgruppe. Weiterhin wurde das neue Dosimetriesystem (DS 86) angewandt, aus dem sich gegenüber der früheren Dosisabschätzung (T65D) im Mittel eine etwa 30 % niedrigere Dosis für diese Bevölkerung berechnet.

Dagegen basieren die zur Zeit (Frühjahr 1992) noch gültigen Dosisgrenzwerte der EG von 1980 noch vollständig und die der Strah-

Tabelle 38. Dosisgrenzwerte nach ICRP 1990

Anwendungsbereiche	Dosisgrenzwert in mSv/Jahr	
	beruflich	Bevölkerung
effektive Dosis	20*	1**
Teilkörperdosis		
Augenlinsen	150	15
Haut	500	50
Hände, Füße	500	–

* gemittelt über einen Zeitraum von fünf aufeinanderfolgenden Jahren, max. 50 mSv in jedem einzelnen Jahr; für beruflich strahlenexponierte Frauen gilt ab der Feststellung bis zum Ende einer Schwangerschaft als Grenzwert der Oberflächendosis des Unterleibs ein Wert von 2 mSv und eine Begrenzung der Aktivitätszufuhr auf ¹⁄₂₀ des Grenzwertes der Jahresaktivitätszufuhr.

** in besonderen Fällen kann ein höherer Wert zulässig sein, wenn der Mittelwert über fünf Jahre 1 mSv pro Jahr nicht übersteigt.

Tabelle 39. Vergleich der Dosisgrenzwerte national/international

	Grenzwerte der Körperdosis in mSv für beruflich strahlenexponierte Personen im Kalenderjahr		
	ICRP 1977, EG 1980	StrlSchV 1989	ICRP 1990
effektive Dosis	50	50*	20
Teilkörperdosis Keimdrüsen, Gebärmutter, rotes Knochenmark	500	50	***
Augenlinsen	300**	150	150
Schilddrüse, Knochenoberfläche	500	300	***
Haut	500	300	500
Hände, Füße	500	500	500
alle anderen Organe und Gewebe	500	150	***

*   maximal im Berufsleben: 400 mSv
**   ICRP 1980, EG 1984: 150 mSv
***   Limitierung über Effektivdosiskonzept

lenschutzverordnung von 1989 noch weitgehend auf der ICRP-Empfehlung von 1977, die nur die Krebssterblichkeitsdaten bis 1975 zugrunde legen konnte und – wesentlicher – von einem absoluten Zeitextrapolationsmodell für die zukünftige strahlenbedingte Krebssterblichkeit ausging sowie einen Risikobeitrag durch nicht-tödliche Krebserkrankungen nicht berücksichtigt. Die Strahlenschutzverordnung von 1989 enthält zwar wie die vorhergehende Verordnung von 1976 zur Verhinderung nicht-stochastischer Strahlenschäden einige gegenüber den ICRP-Werten reduzierte Grenzwerte für einige Teilkörperdosen (Keimdrüsen, rotes Knochenmark), der wesentlich limitierende Wert in der Strahlenschutzverordnung von 1989 ist aber die Festsetzung eines Grenzwertes der effektiven Berufslebensdosis von 400 mSv. Insofern ist – zwar mit anderen Jahresgrenzwerten – die Strahlenschutzverordnung von 1989 stringenter als die ICRP-Empfehlung von 1990. Die Tabelle 39 zeigt alle entsprechenden Daten im Vergleich.

4.3 Die abgeleiteten Grenzwerte

Für den praktischen Strahlenschutz ist es zweckmäßig, weitere Grenzwerte festzulegen, die gewährleisten, daß die Basisgrenzwerte sicher eingehalten werden, und die bei der Routinemessung einfach meßbar sind. So benützt man in der Praxis Dosisleistungswerte an Stelle des Basisgrenzwertes der Jahresdosis. Aus dem momentanen, gemessenen Dosisleistungswert wird der Grenzwert extrapoliert, wobei man annimmt, daß sich jemand im ungünstigsten Fall während seiner Arbeitszeit das ganze Jahr an der Stelle in seinem Arbeitsbereich aufhält, wo die höchste Dosisleistung herrscht. Durch diese Annahme ist in diesem Grenzwert ein Sicherheitsfaktor gegenüber dem Basisgrenzwert berücksichtigt.

Abgeleitete Grenzwerte sind auch die Konzentrationsgrenzwerte radioaktiver Stoffe in der Luft und Kontaminations-(=Verunreinigungs-)grenzwerte für Oberflächen jeder Art. Häufig ist dem Strahlenschutz nicht bekannt, welches Radionuklid bzw. Radionuklidgemisch eine erhöhte Konzentration in der Luft oder auf Oberflächen hervorgerufen hat. Bei einfachen Überwachungsmessungen wird z.B. nur festgestellt, ob es sich um Alpha- oder Betastrahlung handelt. Abgeleitete Grenzwerte werden so festgelegt, daß sie noch jeweils unter den Grenzwerten der gefährlichsten Radionuklide liegen. Solange die gesamte Aktivität den Grenzwert nicht überschreitet, spart diese Vorgehensweise aufwendige Radionuklidanalysen. Wird der Grenzwert aber überschritten, dann sollte nach der Analyse der Radionuklidzusammensetzung erst der der wahren Gefährdung entsprechende Grenzwert festgestellt werden, um dann entsprechende Gegenmaßnahmen einleiten zu können. Leider werden diese komplexen Zusammenhänge zwischen Basisgrenzwerten und abgeleiteten Grenzwerten häufig nicht beachtet. Das gilt auch für behördlich festgelegte Grenzwerte für die Freisetzung von Radionukliden mit der Abluft und dem Abwasser aus Krankenhäusern mit nuklearmedizinischen Abteilungen, aus kerntechnischen Anlagen oder Fabriken. Diese Grenzwerte sollten sich an realistischen Parametern zur Dosisermittlung orientieren. Solche Parameter erhält man beispielsweise aus der Überwachung des radioaktiven Fallouts von Kernbombentests. Dazu hat man die Radioaktivität verschiedener Radionuklide in der Luft, im Regenwasser und im Boden gemessen und geschätzt, wieviel davon bei großen Bevölkerungsgruppen in den Menschen gelangt. Bei der äußerst geringen Wahrscheinlichkeit eines Schadens bei kleiner Dosis ist es nicht sinnvoll, unterschiedliche Lebens- und Verzehrgewohnheiten gesondert zu berücksichtigen. Das Durchschnittsrisiko ändert sich dadurch nicht und das Individualrisiko liegt weiter unter dem, das sich auf der Grundlage der von der ICRP empfohlenen, individuellen Basisgrenzwerte errechnen läßt. Dosisberechnungen über sogenannte kritische Pfade, etwa die Anreicherung von Iod aus der Krankenhausabluft in der Schilddrüse von Kleinkindern, sind nur akzeptabel, wenn für alle Übergangsfaktoren („Transferfaktoren") realistische Werte eingesetzt werden. Mit Hilfe des Übergangsfaktors für die Radioaktivität zwischen der Strahlenquelle und dem Menschen läßt sich bestimmen, welche Menge eines oder mehrerer Radionuklide über die Abluft oder das Abwasser abgegeben werden kann. Diese Transferfaktoren geben beispielsweise an, um welchen Faktor man im Fisch mehr Radium findet als im Wasser, in dem der Fisch gelebt hat (in diesem Fall Anreicherung) oder um welchen Faktor man im Mehl weniger Radium mißt als im Boden, auf dem das Getreide gewachsen ist (in diesem Fall Abreicherung). Transferfaktoren schwanken sehr stark, sie sind beispielsweise von der Bodenart oder von Verunreinigungen im Wasser abhängig. Werden nun in die Rechenmodelle vorsichtshalber für den Menschen ungünstige Transferfaktoren und andere Parameter statt der realistischen Durchschnittswerte eingesetzt, überschätzen die Ergebnisse die Gefährdung und können deshalb weder Grundlage für Kosten/ Nutzenrechnungen zur Rechtfertigung des Einsatzes ionisierender Strahlen im Vergleich zu anderen technischen Lösungen sein, noch Ausgangspunkt für die Anforderungen an die Rückhaltung radioaktiver Stoffe in Abwasser und Abluft.

VII. Der Reaktorunfall in Tschernobyl und seine Auswirkungen in der Bundesrepublik Deutschland

1. Die Reaktoranlage

Die Reaktorstation Tschernobyl besteht aus vier Blöcken mit einer elektrischen Leistung von je 1000 MW vom Typ eines graphitmoderierten Druckröhren-Siedewasserreaktors (RBMK-1000), der ausschließlich in der Sowjetunion betrieben wird. Es handelt sich hierbei um einen Siedewasserreaktor, wobei aber der Dampf nicht in einem Druckgefäß, sondern in etwa 1700 separaten, die Brennelemente enthaltenden Druckröhren erzeugt wird. Die Benutzung von Graphit als Moderator führt zu einem großvolumigen Reaktorkern von 12 m Durchmesser und 7 m Höhe. Dies hat zur Folge, daß die Regelung des Reaktors neutronenphysikalisch relativ kompliziert ist und erhöhte Anforderungen an die Fahrweise der Regelstäbe stellt. Zum Zeitpunkt des Unfalls waren in der UdSSR neben einigen kleineren Reaktorblöcken dieses Typs 14 RBMK-1000-Einheiten und eine RBMK-1500-Einheit in Betrieb, die insgesamt mit rund 5% zur Stromerzeugung der UdSSR beitragen.

2. Unfallentwicklung und -ablauf

Der Unfall im Kernkraftwerk von Tschernobyl ist zwar im wesentlichen auf eine Kette von falschen Entscheidungen und verbotenen Eingriffen der Bedienungsmannschaft zurückzuführen, das Reaktorkonzept und insbesondere das Fehlen eines druckfesten, die Reaktoranlage umschließenden Sicherheitsbehälters sind aber für die Freisetzung der großen Mengen an radioaktiven Stoffen mit verantwortlich. Der Reaktorunfall entwickelte sich während der Vorbereitungsphase und kurz nach Beginn eines Experimentes mit dem Turbinen-Generatorsatz der Kraftwerksanlage. Ziel dieses Experimentes war es, herauszufinden, inwieweit die Bewegungsenergie eines auslaufenden Turbogenerators noch in elektrische Energie umgewandelt werden kann, um im Notfall die zur Beherrschung einer Störfallsituation erforderlichen Systeme einige zehn Sekunden lang mit Strom zu versorgen, bis die installierten Notdieselgeneratoren dies übernehmen. Der zeitliche Ablauf des Unfalls läßt sich wie folgt rekonstruieren (alle Zeiten sind Ortszeiten; Ortszeit = Weltzeit + 4 Stunden):

25. April 1986, 1 Uhr: Beginn der Versuchsvorbereitung durch Leistungsabsenkung im Reaktorblock 4.

13.05 Uhr: Mit der Absenkung auf 50% der Nennleistung wird eine der beiden Turbinen abgeschaltet. Durch eine Stromanforderung von der Verteilerstation in Kiew wird die geplante weitere Leistungsabsenkung um etwa neun Stunden verschoben.

23.10 Uhr: Bei der Fortsetzung der Leistungsreduzierung mißlingt das vorgesehene Einregeln auf das Niveau von 25% der Nennleistung. Die Leistung sinkt auf 1% der Nennleistung ab.

26. April 1986, 1 Uhr: Die Operateure haben weiterhin Schwierigkeiten mit der Reaktorregelung. Um eine Reaktorabschaltung zu verhindern, werden mehrere zusätzliche Kontrollstäbe aus dem Reaktor gezogen. Damit wird der Reaktor in einen Zustand überführt, in dem die vorgeschriebene Mindestzahl der wirksamen Regelstäbe im Reaktorkern weit unterschritten ist, bei der die Betriebsvorschrift zwingend ein Abschalten des Reaktors verlangt. Es gelingt, die Leistung auf 7% der Nennleistung anzuheben und auf diesem Niveau zu halten.

1.03 Uhr: Zu den sechs bereits laufenden Kühlmittelpumpen werden zwei weitere hinzugeschaltet. Vier Pumpen werden über den später auslaufenden Turbogenerator betrieben, die anderen vier über die normale Netzversorgung. Damit soll eine sichere Kühlung während der Experimentierphase gewährleistet sein.

1.22 Uhr: Der erhöhte Kühlmitteldurchsatz vermindert den Dampfblasengehalt im Siedewasser und führt zu einer destabilisierenden Rückwirkung auf den gesamten Primärkreislauf. Der Operateur blockiert Abschaltsignale, die an das Wasserniveau in den Dampf-/Wasserabscheidern gekoppelt sind.

1.22 Uhr und 30 Sekunden: Die Leistungsverteilung im Reaktorkern und die Position eines jeden Regelstabes werden vom Rechner ermittelt und ausgedruckt. Nur noch 8 statt der mindestens erforderlichen 30 Regelstäbe sind eingefahren. Die Betriebsmannschaft übersieht, daß eine sofortige Reaktorabschaltung zwingend erforderlich ist.

1.23 Uhr und 4 Sekunden: Das Experiment wird mit der Unterbrechung der Dampfzufuhr zur Turbine begonnen. Damit gegebenenfalls eine Wiederholung des Versuchs möglich ist, werden weitere Schnellabschaltsignale überbrückt. Diese Maßnahmen sind der entscheidende Verstoß gegen die Betriebsvorschriften und Testanweisungen. Sie haben letztlich den Unfall verursacht. Da der Turbogenerator ausläuft, verringert sich die Leistung der vier angeschlossenen Umwälzpumpen und damit die Kühlung des Reaktorkerns. Dadurch entsteht im Kern wieder mehr Wasserdampf. Der Reaktor reagiert mit einem Leistungsanstieg. Dies liegt an seinem sogenannten „positiven Dampfblasen-Koeffizienten": Mit steigendem Dampfgehalt (und dementsprechend wenig flüssigem Wasser) wird die Kettenreaktion im Reaktor vergrößert, d.h. die Reaktorleistung nimmt zu. Leichtwasserreaktoren westlicher Bauart haben einen negativen Blasen-Koeffizienten, der bei gleichen Bedingungen eine Leistungsverringerung bewirkt.

1.23 Uhr und 40 Sekunden: Durch den Schichtleiter wird Reaktorschnellabschaltung von Hand ausgelöst. Die maximale Einfahrgeschwindigkeit der Abschaltstäbe beträgt 0,4 m/s. Dies ist in dieser Situation mit fast allen Stäben in ausgefahrener Position für ein Abfangen der schnell steigenden Reaktorleistung viel zu langsam. Der Anstieg der Reaktorleistung kann nicht mehr gebremst werden. Die verstärkte Kühlmittelverdampfung im Reaktor beschleunigt weiter den Leistungsanstieg.

1.23 Uhr und 44 Sekunden: Die nachträglich berechnete Reaktorleistung erreicht das 100fache der Nennleistung. Durch starke Überhitzung des Brennstoffs bersten Brennstabgruppen, es kommt zu einer heftigen Brennstoff/Wasser-Reaktion mit stoßartigem Druckaufbau und als Konsequenz zu einer Zerstörung größerer Kernbereiche, einem Anheben der oberen Reaktorabdeckung und Zerstörung großer Teile des Reaktorgebäudes. Große Teile des Graphitmoderators und der Anlage werden in Brand gesetzt. Während dieser Zerstörungsphase werden schätzungsweise acht Tonnen radioaktiven Brennstoffs aus dem Kern in das Gebäude und die Umgebung geschleudert.

Durch die unmittelbar einsetzende Brandbekämpfung gelang es, die Brände außerhalb des Reaktorgebäudes und am Maschinenhaus in vier Stunden zu löschen. Um den Brand des Moderatorgraphits zu ersticken und zur Eindämmung der Unfallfolgen wurde der Block 4 in den folgenden Tagen aus der Luft mit Bor, Blei, Sand und Lehm (insgesamt 5000 Tonnen) zugeschüttet. Gleichzeitig wurde eine Stickstoffanlage zur Kühlung des Reaktors installiert. Ende Juni war eine kühlbare Betonplatte unter dem Reaktorfundament eingezogen, um ein zuerst nicht auszuschließendes Durchschmelzen in den Untergrund sicher zu verhindern. Bis November 1986 wurde der Reaktorblock Tschernobyl 4 unter meterdickem Beton begraben. Die Reaktoren 1 und 2 wurden bereits 1986, der Block 3 Ende 1987 wieder in Betrieb genommen.

3. Radioaktiver Quellterm und Aktivitätstransport

Die Freisetzung radioaktiver Spaltprodukte aus dem zerstörten Reaktor erstreckte sich über insgesamt zehn Tage. Wie in Abb. 43 skizziert, war der Ausstoß am Unfalltag am höchsten. Er wurde dann zeitweilig durch den Abwurf von Sand etc. reduziert und erhöhte sich nach sechs Tagen, als durch den Sandabwurf die Kühlung des Kerns durch die Außenluft eingeschränkt wurde und die Kerntemperaturen lokal wieder anstiegen. Mit der Installierung einer Stickstoffkühlung am 10. Mai wurde die Radioaktivitätsfreisetzung praktisch beendet.

Aufgrund der thermischen Auftriebseffekte und der lokalen Wetterbedingungen erfolgte die Freisetzung, insbesondere die der leichtflüchtigen Spaltprodukte wie Iod und Cäsium, bis in große Höhen (1500 m und darüber). Dies führte zu einer Verteilung über weite Teile Europas. Sowjetische Abschätzungen über die gesamte freigesetzte Radioaktivität wurden mit 2 EBq angegeben. Diese Zahl beruht auf Messungen, die in der Sowjetunion durchgeführt worden sind. Berücksichtigt man die gemessenen Radioaktivitätswerte aus

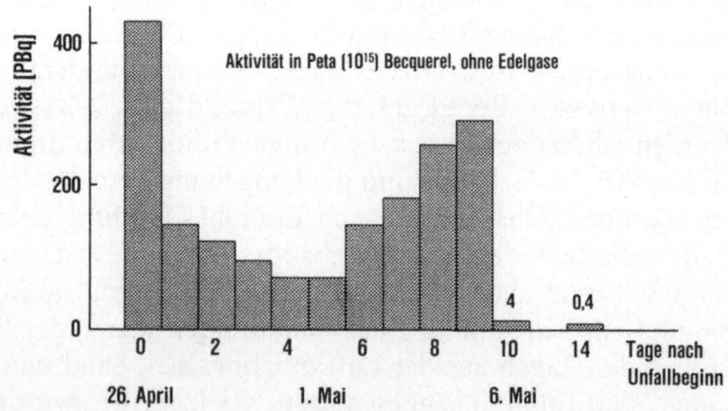

Abb. 43. Zeitlicher Verlauf der Aktivitätsfreisetzung aus dem Tschernobyl-Reaktor; Genauigkeit ± 50%

den westeuropäischen Ländern, dann ist dieser Wert mindestens um den Faktor 2 zu erhöhen.

Die am 26. April freigesetzten radioaktiven Stoffe gelangten aufgrund der vorherrschenden Windrichtung nach Nordwesten und erreichten am 28. April Schweden. Der dort gemessene Aktivitätsanstieg der Luft war im Westen der erste Hinweis auf diesen Unfall. Aufgrund der Wetterverhältnisse gelangte die Aktivitätsemission des 27. 4. über Polen und die vom 29./30. 4. über den Balkan nach Mitteleuropa. Am 29. 4. 1986 erreichte die radioaktive Wolke das Gebiet der Bundesrepublik Deutschland. Durch die regional unterschiedlichen Wettersituationen – insbesondere beeinflußt durch Regen – ergaben sich unterschiedlich hohe Aktivitätskonzentrationen in Luft und Ablagerungen auf dem Boden.

4. Auswirkungen in der Umgebung

Das Kraftwerkspersonal und insbesondere das zur Brandbekämpfung eingesetzte Personal war sehr stark betroffen. Aufgrund der Symptome und der biologischen Dosimetrie über Chromosomenaberrationen und Blutbildveränderungen wurden die 203 Personen mit akutem Strahlensyndrom in vier Dosisbereiche eingeteilt (siehe Tabelle 40). Die Todesfälle wurden überwiegend durch schwerste Hautverbrennungen verursacht. Bei vielen Personen der beiden höchsten Dosisgruppen waren 40% bis 90% der Haut durch Hitzeeinwirkung und durch die Betastrahlung infolge der massiven Aktivitätsfreisetzung so schwer geschädigt, daß allein dadurch die Überlebenschance gering war.

Die Strahlenexposition in der 4 km westlich vom Standort gelegenen Stadt Pripyat mit 45 000 Einwohnern erreichte am Morgen des 27. April 180 bis 600 mR/h. Die Bevölkerung wurde daraufhin im

Tabelle 40. Akute Strahlenkrankheiten und Todesfälle, Betriebs- und Einsatzpersonal Tschernobyl-Unfall

Dosisbereich	Anzahl Fälle	Todesfälle
6 –16 Gy	22	21
4 – 6 Gy	23	7
2 – 4 Gy	53	1
0,8– 2 Gy	105	
Unfalltote (nicht radiologisch)		2
Summe	203	31

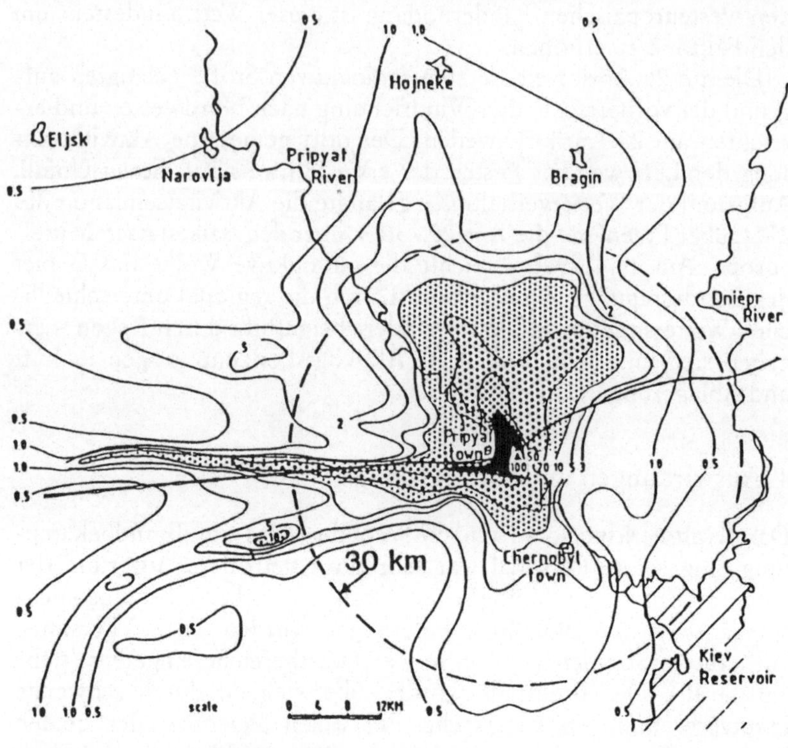

Abb. 44. Ortsdosisleistung in Milliröntgen/Stunde in der Umgebung von Tscherno-byl, 29.5.1986

Verlauf von vier Stunden evakuiert. In den Tagen bis zum 5. Mai wurden dann weitere 90 000 Personen aus der 30-km-Zone um den Standort evakuiert. Die Abb. 44 zeigt die Ortsdosisleistung in der Umgebung rund einen Monat nach dem Unfall. Eine Wiederbesiedlung der 10-km-Zone ist nicht beabsichtigt, die landwirtschaftliche Nutzung der 10- bis 30-km-Zone wird vom Erfolg von Dekontaminationsprogrammen und dem Ergebnis radiologischer Untersuchungen abhängig gemacht.

Die vom sowjetischen Staatskomitee für die Kernenergienutzung veröffentlichten Daten über die Strahlenexposition der Bevölkerung und der daraus abgeleiteten Zunahme von Krebsfällen sind in der Tabelle 41 zusammengefaßt.

Tabelle 41. Strahlenexposition in der Sowjetunion durch den Tschernobyl-Unfall

Bevölkerung innerhalb der 30-km-Zone (135 000 Einwohner)	
– externe Dosis durch Gammastrahlung:	bis zu 0,4 Gy
– Schilddrüsendosis (Kleinkind):	bis zu 2,5 Gy
– Kollektivdosis durch externe Exposition:	$1,6 \cdot 10^4$ Sv
Krebs als Todesursache kann sich in dieser Bevölkerung um 2% erhöhen	
Bevölkerung im europäischen Teil der Sowjetunion (75 Mio. Einwohner)	
– Kollektivdosis durch externe Exposition im Jahr 1986	$8,6 \cdot 10^4$ Sv
– Kollektivdosis durch externe Exposition innerhalb der nächsten 50 Jahre	$2,9 \cdot 10^5$ Sv
– Kollektivdosis durch interne Exposition innerhalb der nächsten 50 Jahre	$2,1 \cdot 10^6$ Sv
Krebs als Todesursache kann sich in dieser Bevölkerung um 0,4% erhöhen	

5. Aktivitätsmeßwerte in der Bundesrepublik Deutschland

Aus der Bundesrepublik gibt es eine Vielzahl von Meßergebnissen, die wegen der zum Teil sehr großen Unterschiede von Region zu Region – im Norden und Westen deutlich weniger als im Süden und Südosten – keine bundeseinheitliche Darstellung hinsichtlich der Strahlendosis ermöglichen.

Aus den ersten Luftaktivitätsmessungen (siehe Tabelle 42 und Abb. 45) konnte abgeleitet werden, daß die überwiegende Strahlendosis in den ersten Tagen durch Radioiod-Inhalation und dann durch Verzehr von mit Iod-131 kontaminierten Lebensmitteln, insbesondere Frischmilch und frischem Blattgemüse, erfolgen wird, daß langfristig nur Cäsium-134 und -137 zur Dosis beitragen werden und daß die Dosis durch Strontium-90 ebenso wie die durch Plutonium ohne Bedeutung bleibt. Die großen Unterschiede der Belastung mit radio-

Tabelle 42. Aerosol- und Iodfilteranalyse, Kernforschungszentrum Karlsruhe, 1.5.1986

Sr-89	0,6%	Te-132	15,6%
Sr-90	0,1%	I-132	15,6%
Mo-99	1,6%	Cs-134	3,5%
Tc-99m	1,6%	Cs-136	1,2%
Ru-103	5,0%	Cs-137	6,7%
Te-129m	4,6%	Ba-140	4,0%
I-131	36,6%	La-140	3,3%
	Pu-239/240 < 0,0001%		
Gesamte zusätzliche Aktivitätskonzentration: 55 Bq/m³			

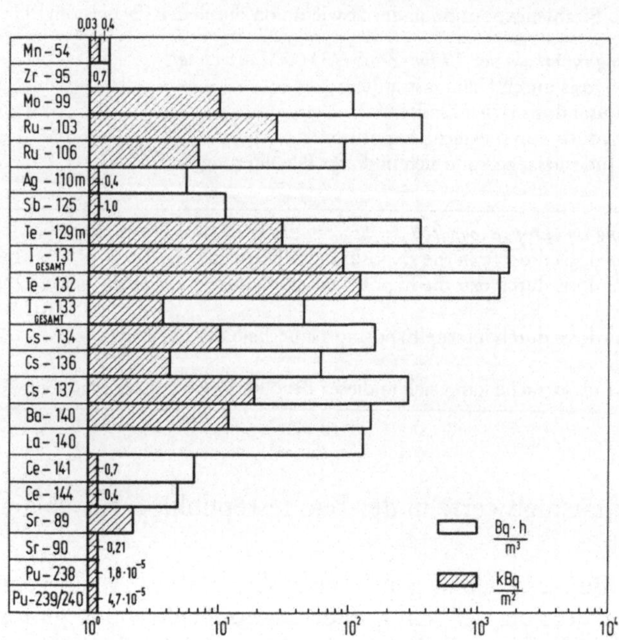

Abb. 45. Zeitintegrierte Nuklidspektren für bodennahe Luft und für Niederschlag vom 29. 4. bis 9. 5. 1986 (gemessen in München/Neuherberg von der GSF)

aktiven Stoffen gehen beispielhaft aus der Tabelle 43 hervor. Aus ihr ist auch direkt ersichtlich, daß ein Dosisbeitrag durch Strontium-90, insbesondere auch im Vergleich zum Kernwaffen-Fallout, vernachlässigt werden kann.

Als typische Aktivitätswerte in Nahrungsmitteln für die Bundesrepublik Deutschland – ausgenommen die deutlich höher belasteten Gebiete in Südbayern und im südöstlichen Baden-Württemberg – können die Meßwerte des Kernforschungszentrums Karlsruhe aus dem Karlsruher Raum gelten. Die Werte in der Tabelle 44 sind Mittelwerte der spezifischen Aktivität zur Zeit des Aktivitätsmaximums. Für die Nahrungsmittel aus den höher kontaminierten Gebieten lagen die Werte teilweise bis zu einem Faktor 10 höher. Als effektive Halbwertszeiten für den Aktivitätsabbau in Milch, Fleisch und Gemüse wurden sechs Tage für Iod-131 und 25 Tage für die Cäsiumisotope gemessen.

Messungen der tatsächlich im Körper vorhandenen Radioaktivität, anfangs hauptsächlich I-131, dann bevorzugt Cs-134 und

Tabelle 43. Flächenbelegung an Cs-137 und Sr-90 durch den Tschernobyl-Unfall und durch die Kernwaffentests

	Flächenbelegung in Bq/m²	
	Cs-137	Sr-90
Berlin	550	6
Karlsruhe	1 530	16
München	20 000	210
Zum Vergleich: Mittelwert in der Bundesrepublik durch Kernwaffentests	5 000	3100

Tabelle 44. Mittelwerte der spezifischen Aktivität in Nahrungsmitteln aus dem Raum Karlsruhe zur Zeit des jeweiligen Aktivitätsmaximums

Nahrungsmittel	Spezifische Aktivität in Bq/kg		
	I-131	Cs-134	Cs-137
Milch	60	15	30
Rindfleisch	20	5	10
Wildfleisch	180	66	112
Salat	200	25	50
Spinat	1500	70	140
Pilze	–	30	60
Beeren, Obst	–	15	30

Cs-137, wurden an mehreren Stellen in der Bundesrepublik Deutschland vorgenommen. Interessant sind dabei die Cäsium-137-Werte aus dem Kernforschungszentrum Karlsruhe, da dort mit dem Ganzkörperzähler schon seit 1960 monatlich an einer Referenzgruppe (Erwachsene) aus dem Karlsruher Raum die Cs-137-Inkorporation als Auswirkung der Kernwaffentests meßtechnisch verfolgt wurden. Die Abbildung 46 zeigt die Meßwerte bis 1991. Die durch den Tschernobyl-Unfall verursachten Cs-137-Werte erreichten Mitte 1987 ihren Höchstwert, blieben aber im Karlsruher Raum unter den Maximalwerten infolge der Kernwaffentests. Die Referenzgruppe erwachsener Personen wurde im Mai 1986 um Kinder erweitert. Die Ergebnisse sind in der Abbildung 47 dargestellt. Aufgrund anderer biokinetischer Daten des Cs-Stoffwechsels bei Kindern ergibt sich ein schnellerer Anstieg und Abfall der Cs-137-Werte gegenüber Erwachsenen.

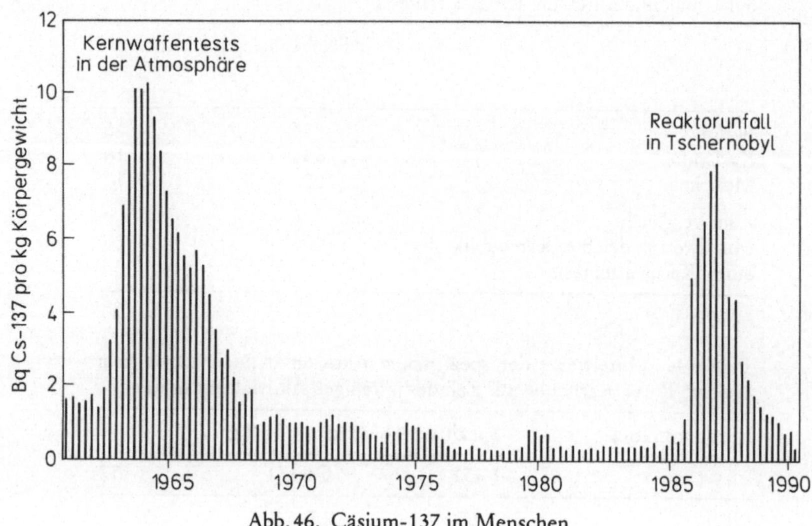

Abb. 46. Cäsium-137 im Menschen

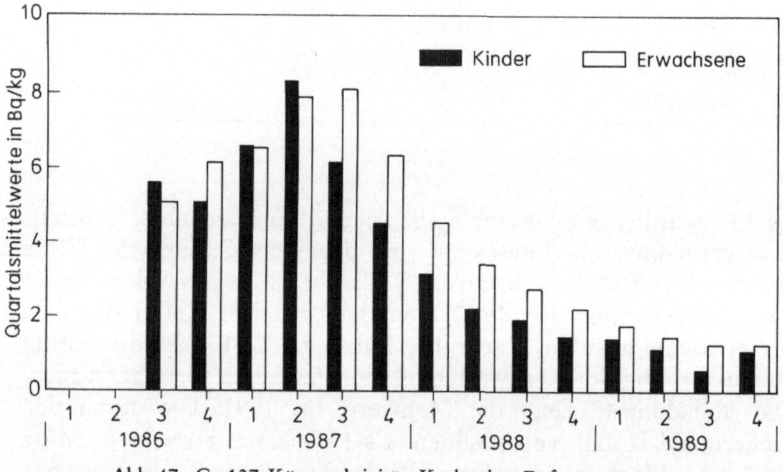

Abb. 47. Cs-137-Körperaktivität, Karlsruher Referenzgruppe

6. Daten zur Dosisberechnung

Für die Strahlenexposition durch die infolge des Reaktorunfalles zu
uns gelangten radioaktiven Stoffe sind die Radionuklide Iod-131
(Halbwertszeit: 8 Tage), Cäsium-134 (2,06 Jahre) und Cäsium-137

(30,17 Jahre) dominant von Bedeutung. Sie bewirken in sehr unterschiedlichem Maß eine Strahlendosis durch Inhalation mit der Atemluft, durch Verzehr von kontaminierten Nahrungsmitteln (Ingestion) und durch Direktstrahlung infolge Ablagerung auf dem Boden. Durch das Stoffwechselverhalten dieser Elemente im Körper ergibt sich eine z.T. altersabhängige unterschiedliche Exposition verschiedener Organe. Während sich z.B. Cäsium weitgehend gleichmäßig im Körper verteilt – nur im Knochen und im Fettgewebe ist der Anteil etwas geringer –, konzentrieren sich rund 30% – in Iodmangelgebieten 60% – des zugeführten Iods in der Schilddrüse. Dadurch ergibt sich für dieses insbesondere bei Kindern kleine Organ (Masse der Schilddrüse bei Kleinkindern 2 g, bei Erwachsenen 20 g – in Iodmangelgebieten doppelt so schwer) eine relativ hohe Organdosis. Um solche inhomogenen Strahlendosiswerte zusammenfassen und bewerten zu können, ist die effektive Äquivalentdosis die geeignete Größe. Sie berücksichtigt das unterschiedliche Strahlenrisiko der einzelnen Organe, indem die Dosis eines jeden Organs entsprechend dessen mortalitätsbezogener Strahlenempfindlichkeit mit einem Wichtungsfaktor multipliziert wird. So trägt beispielsweise die Schilddrüsendosis nur mit 3% zur Effektivdosis bei. Mit diesem Konzept der effektiven Äquivalentdosis kann das gesamte Strahlenrisiko aus externer, interner und Teilkörperbestrahlung erfaßt werden.

Mit den Modellen für die Zufuhr radioaktiver Stoffe über den Atmungstrakt und den Magen-Darm-Trakt und unter Berücksichti-

Tabelle 45. Effektivdosisfaktoren in Sv/Bq für Inhalation

Nuklid	Kind Alter: 1 Jahr	Erwachsene
Ru-106	$9{,}0 \cdot 10^{-7}$	$1{,}3 \cdot 10^{-7}$
Te-129m	$4{,}7 \cdot 10^{-8}$	$6{,}5 \cdot 10^{-9}$
Te-132	$3{,}6 \cdot 10^{-8}$	$2{,}4 \cdot 10^{-9}$
I-131	$6{,}6 \cdot 10^{-8}$	$8{,}1 \cdot 10^{-9}$
Cs-134	$7{,}3 \cdot 10^{-9}$	$1{,}3 \cdot 10^{-8}$
Cs-137	$6{,}4 \cdot 10^{-9}$	$8{,}6 \cdot 10^{-9}$

Tabelle 46. Effektivdosisfaktoren in Sv/Bq für Ingestion

Nuklid	Kind Alter: 1 Jahr	Erwachsene
I-131	$1{,}1 \cdot 10^{-7}$	$1{,}3 \cdot 10^{-8}$
Cs-134	$1{,}2 \cdot 10^{-8}$	$2{,}0 \cdot 10^{-8}$
Cs-137	$9{,}3 \cdot 10^{-9}$	$1{,}4 \cdot 10^{-8}$

gung der physikalischen und chemischen Eigenschaften sowie des Stoffwechselverhaltens der einzelnen Elemente (unter Umständen unterschiedlich bei Kindern und Erwachsenen) lassen sich Werte der Organdosis und der effektiven Dosis für jedes Radionuklid berechnen. Für die im Zusammenhang mit dem Unfall in Tschernobyl bei uns wichtigen Radionuklide gibt die Tabelle 45 Dosiswerte für durch Inhalation und die Tabelle 46 Dosiswerte für durch Ingestion zugeführte Aktivität an.

Für den Transfer des langlebigen Nuklids Cs-137 vom Boden über die Nahrungsmittel in den Menschen liegen umfangreiche Messungen aus den 60er Jahren als Folge des Kernwaffen-Fallout vor. Eine Bodenkontamination durch Cs-137 von $1\,Bq/m^2$ ergibt danach eine gesamte effektive Folgedosis von rund $6\cdot10^{-8}$ Sv und von $4\cdot10^{-8}$ Sv innerhalb der nächsten 50 Jahre.

Die Strahlenexposition durch die Direktstrahlung von kontaminiertem Boden ist sehr stark nuklidabhängig; insbesondere Halbwertszeit, Strahlenart und Strahlenenergie spielen eine Rolle. Aufgrund des Nuklidspektrums der hier durch den Tschernobyl-Unfall abgelagerten radioaktiven Stoffe tragen im ersten Jahr im wesentlichen nur Cs-134 und Cs-137 und auf Dauer nur Cs-137 zur Dosis bei. Eine einmalige Bodenkontamination mit Cs-137 von $1000\,Bq/m^2$ führt 1 m über dem Boden zu einer Energiedosis in Luft von $9\,\mu Gy$ im ersten Jahr. Dabei wurde angenommen, daß die Kontamination an der Oberfläche bleibt und nicht durch Regen reduziert wird. Rechnet man von der Energiedosis in Luft auf die effektive Äquivalentdosis um (Faktor 0,7 Sv/Gy) und berücksichtigt durchschnittliche Aufenthaltsdauern im Freien und in Häusern (20% zu 80%) sowie deren Abschirmfaktoren (im Mittel Faktor 5), so ergibt sich ein gesamter Faktor von 0,25 zur Umrechnung von der Energiedosis im Freien zur effektiven Äquivalentdosis für übliche Lebensgewohnheiten.

7. Strahlenexposition in der Bundesrepublik Deutschland durch den Tschernobyl-Unfall

7.1 Externe Strahlenexposition

Die externe Strahlenexposition ist eine Folge der Gammastrahlung der am Boden abgelagerten radioaktiven Stoffe und der in der bodennahen Luft enthaltenen Aktivität. Letztere hat nur in den ersten Maitagen zur Dosis beigetragen, der Anteil beträgt weniger als 1%

Tabelle 47. Inhalierte Aktivität für die dosisrelevanten Nuklide im Zeitraum 29.4.–22.5.1986, Karlsruhe

Nuklid	Aktivitätszufuhr durch Inhalation in Bq	
	Kind Alter: 1 Jahr	Erwachsener
Ru-103	40	240
Ru-106	7	42
Te-129m	28	170
Te-132	150	900
I-131	190	1200
Cs-134	18	110
Cs-137	35	210

der gesamten externen Strahlendosis. Im ersten Jahr errechnet sich für durchschnittliche Aufenthaltszeiten im Freien und in Häusern eine effektive Äquivalentdosis durch die externe Strahlenexposition von 10 µSv. In den Folgejahren führen nur Cs-137 und – schnell abnehmend – Cs-134 zu einer externen Exposition. Die 50-Jahre-Folgedosis errechnet sich zu rund 100 µSv für Cs-137 und 15 µSv für Cs-134, wobei die Vernachlässigung des Eindringens der Aktivität in tiefere Bodenschichten zu einer deutlichen Überschätzung der Dosis führt.

7.2 Dosis durch Inhalation

Die Inhalationsdosis wurde fast auschließlich durch die Luftaktivität in der Zeit vom 1. bis 5. Mai 1986 bestimmt. Wichtige Nuklide für die Dosisermittlung sind dabei I-131, Ru-106, Te-129m, Te-132 sowie Cs-134 und Cs-137. Resuspension abgelagerter Nuklide von der Bodenoberfläche ist für unsere Boden- und Klimaverhältnisse ohne Bedeutung. Aus den im Kernforschungszentrum Karlsruhe gemessenen Luftaktivitätskonzentrationen und Atemraten von 3,8 m³/d für einjährige Kinder und 22,8 m³/d für Erwachsene ergeben sich die Aktivitätszufuhrwerte in Tabelle 47. Mit den Dosisfaktoren aus Tabelle 45 errechnet sich eine Inhalationsdosis für Kleinkinder von 27 µSv und für Erwachsene von 23 µSv.

Tabelle 48. Aktivitätszufuhr durch Milch, Fleisch, Gemüse
und Obst im Zeitraum Mai 1986 bis April 1987, Karlsruhe

Nuklid	Aktivitätszufuhr durch Ingestion in Bq	
	Kind Alter: 1 Jahr	Erwachsener
I-131	480	550
Cs-134	1050	650
Cs-137	2100	1300

7.3 Dosis durch Nahrungsmittelverzehr

Die Ingestionsdosis ergibt sich fast ausschließlich durch I-131, Cs-134 und Cs-137, da alle anderen Radionuklide wegen ihrer geringen Konzentration oder des vernachlässigbaren Transfers in die Nahrungsmittel ohne Bedeutung sind. Aus den Mittelwerten der spezifischen Aktivität in den verschiedenen Nahrungsmittelgruppen (siehe Tabelle 44), einer Aktivitätsabnahme entsprechend den effektiven Halbwertszeiten (6 d für Iod-131; 25 d für Radiocäsium) und dem entsprechenden Jahresverzehr – einjähriges Kind: 300 l Milch; Erwachsene: 100 l Milch, 75 kg Fleisch, 15 kg Blattgemüse, 8 kg Obst – errechnen sich die in der Tabelle 48 angegebenen Aktivitätszufuhrwerte für das erste Jahr. Mit den Dosisfaktoren aus Tabelle 46 folgt für die Zeit vom Mai 1986 bis April 1987 eine effektive Äquivalentdosis für ein einjähriges Kind von 85 µSv und 35 µSv für Erwachsene. Die Strahlenexposition in den Folgejahren ist wesentlich geringer, da Effekte der Oberflächenkontamination, die direkt (Gemüse) oder indirekt (Milch, Fleisch) zur Strahlenexposition beitrugen, entfallen.

Aus den Messungen nach dem Kernwaffen-Fallout ist bei der Bodenkontamination von rund 1500 Bq Cs-137/m^2 die Äquivalentdosis durch den Transfer vom Boden in die Nahrungsmittel in den nächsten 50 Jahren insgesamt rund 60 µSv.

7.4 Gesamtexposition

In der Tabelle 49 sind die einzelnen Expositionswerte aus den Meßdaten aus dem Raum Karlsruhe zusammengefaßt. Man kann aufgrund der Aktivitätsverteilung in der Bundesrepublik davon ausgehen, daß diese Dosiswerte repräsentativ für die meisten Einwohner in der Bundesrepublik Deutschland sind. Aus den Meßwerten in den

Tabelle 49. Effektivdosen im ersten Jahr und in den 50 Jahren nach dem Tschernobyl-Unfall, berechnet aus Meßdaten aus dem Raum Karlsruhe

| Expositionsart | 1. Jahr | | 50 Jahre |
	Kind	Erwachsene	Erwachsene
externe Strahlenexposition	10 µSv	10 µSv	120 µSv
Inhalationsdosis	27 µSv	23 µSv	23 µSv
Ingestionsdosis	85 µSv	35 µSv	95 µSv
Summe (gerundet)	120 µSv	70 µSv	240 µSv

höher belasteten Gebieten in Südbayern und im südöstlichen Baden-Württemberg wurden effektive Äquivalentdosen für das erste Folgejahr für Kleinkinder von 0,7–1,6 mSv und für Erwachsene von 0,5–1 mSv berechnet.

8. Bewertung der Empfehlungen für Aktivitätskonzentrationsrichtwerte in Nahrungsmitteln

Die Strahlenschutzverordnung der Bundesrepublik enthält in § 45 Grenzwerte der Jahresdosis für den planmäßigen Betrieb deutscher kerntechnischer Anlagen – jeweils 0,3 mSv/a Ganzkörperdosis über den Luft- und den Wasserpfad und 0,9 mSv/a Schilddrüsendosis – und in § 28 Abs. 3 Grenzwerte für den Störfall, der der Auslegung und damit der Genehmigung deutscher Anlagen zugrunde liegt, von 50 mSv für den Ganzkörper und 150 mSv für die Schilddrüse. Beide Paragraphen waren auf die Auswirkungen des Reaktorunfalls von Tschernobyl unmittelbar nicht anzuwenden. Die Strahlenschutzkommission hat daher in Anwendung des Minimierungsgebotes der Strahlenschutzverordnung und des allgemein geltenden Übermaß-verbotes Anfang Mai Richtwerte – oder besser Vorsorgewerte – der Aktivitätskonzentrationen für Iod-131 in Milch von 500 Bq/l und in frischem Blattgemüse von 250 Bq/kg empfohlen. Bei diesen Werten konnte man sicher sein, daß die Schilddrüsendosis für Kleinkinder 30 mSv nicht überschreitet und somit deutlich unter dem Grenzwert für Störfälle entsprechend § 28 Abs. 3 der Strahlenschutzverordnung bleibt. Durch den relativ restriktiv festgelegten, niedrigen Richtwert für Blattgemüse war sichergestellt, daß durch etwa vorhandene ande-re Radionuklide, über deren Anteil zur Zeit der Richtwertfestlegung noch keine ausreichende Kenntnis bestand, keine Überschreitung des diesem Vorsorgekonzept zugrunde liegenden Dosiswertes auftritt.

Offensichtlich wurde dieser Richtwert an vielen Stellen als Gefährdungswert mißverstanden, dessen Erreichen oder gar Überschreiten unmittelbare Gefahr bedeutet. Die von der Hessischen Landesregierung festgelegte Grenze von 20 Bq/l für Iod-131 in Milch orientierte sich an den Grenzwerten für Normalbetrieb. Ob deren strikte Anwendung auch in Ausnahmefällen im Sinne einer Vorsorge zu fordern ist, sei dahingestellt. Die Bürger, denen diese Zusammenhänge und Bedeutungen der verschiedenen Richtwerte vielleicht auch wegen verkürzter Informationen unklar blieben, konnten sich nur verunsichert fühlen.

Die in der Schweiz für Strahlenschutz und Reaktorsicherheit zuständigen Stellen haben ähnliche Schutzziele wie die deutsche Strahlenschutzkommission verfolgt. Ihre Überlegungen zur Umsetzung dieser Schutzziele in Empfehlungen – im folgenden zitiert aus dem Bericht „Der Unfall Chernobyl" der Hauptabteilung für die Sicherheit der Kernanlagen, Würenlingen – sind ein gutes Beispiel für die Optimierung von Strahlenschutzmaßnahmen:

„Um Entscheidungen fällen zu können, brauchte es Schutzziele, die festlegten, welche Dosen nicht überschritten werden sollten. Es war vernünftig, auf das Dosis-Maßnahmen-Konzept der Alarmorganisation mit seinen Schutzzielen als Grundlage zurückzugreifen. Damit lautete die Zielsetzung: Die internen Dosen sollen kleiner als 5 mSv bleiben. Da die externen Dosen klein waren, und da der Großteil der Dosis aus Chernobyl im ersten Jahr aufgenommen wird, ist diese Zielsetzung praktisch identisch mit den Schutzzielen der ICRP, welche wie folgt formuliert werden können:

- Die Dosis des meistbetroffenen Bevölkerungsteils (critical group) soll 5 mSv pro Jahr nicht überschreiten. Für den Großteil der Bevölkerung soll die Dosis möglichst unter 1 mSv pro Jahr liegen.
- Die Schilddrüsendosis für die meistbetroffene Bevölkerung soll 50 mSv pro Jahr nicht übersteigen. Für den Großteil der Bevölkerung soll sie möglichst unter 30 mSv pro Jahr liegen.

Es lohnt sich an dieser Stelle, sich nochmals die Situation bezüglich Meßdaten von Anfang Mai vor Augen zu halten. Damals lagen erst wenige Meßdaten vor, die zum Teil erheblich streuten und deshalb kein zuverlässiges Bild ergaben. Maximalwerte und der zu erwartende Rückgang der Kontamination waren unsicher. In dieser Situation mußten nun Entscheidungen bezüglich Schutzmaßnahmen getroffen werden, und zwar für Iod sehr rasch, damit sie überhaupt noch wirksam werden konnten. Die Unsicherheit in der Prognose machte die Entscheidung schwierig. Es war unvermeidlich, daß subjektive und intuitive Gesichtspunkte die Entscheidungen beeinflußten. Es ist deshalb auch nicht verwunderlich, daß in anderen Staaten ganz andere Entscheidungen gefällt worden sind.

Da jede angeordnete, verbindliche Schutzmaßnahme ihren Preis kostet, war von Anfang klar, daß eine solche Maßnahme auch eine deutliche Dosisreduktion bringen mußte, um vernünftig zu sein. Maßnahmen, die bei der kritischen Gruppe im besten Fall 0,1 mSv Dosiseinsparung bringen würden, waren bei einem Schutzziel von 5 mSv lediglich mit Kosten verbunden, brachten aber keine wirkliche Dosisreduktion und wurden deshalb verworfen. Maßnahmen, die 0,5 mSv Dosiseinsparung bringen würden, wurden als gut beurteilt, es gab aber kaum solche, die soviel Dosiseinsparung versprachen. Zwischen diesen beiden Werten liegt eine Grauzone, d.h. in diesem Bereich war schwer auszumachen, ob eine Maßnahme nun vernünftig sei oder nicht. Aus der Diskussion dieser Situation entstand der schweizerische Weg zur Bewältigung des Problems „Dosen als Folge von Chernobyl", der mit wenigen Ausnahmen auf Maßnahmen verzichtete und sich auf offizielle Empfehlungen beschränkte."

9. Tschernobyl heute

Das kritische Nuklid ist heute – nachdem in der Anfangsphase das kurzlebige Radioiod dominant war –, das Cäsium-137. Die sowjetischen Behörden haben die kontaminierten Gebiete in drei Zonen mit unterschiedlicher Kontrollhäufigkeit eingeteilt:
Zone I: Cs-137-Kontamination 0,04 bis 0,5 MBq/m^2, gelegentliche Kontrollen;
Zone II: Cs-137-Kontamination 0,5 bis 1,5 MBq/m^2, ständige Kontrollen;
Zone III: Cs-137-Kontamination über 1,5 MBq/m^2, strikte Kontrollen.
(Zum Vergleich: Durch den Fallout der Kernwaffentests beträgt die Cs-137-Kontamination in der Bundesrepublik Deutschland im Mittel 5 kBq/m^2, als Folge des Tschernobyl-Unfalls in den höchstbelasteten Gebieten Südbayerns 45 kBq/m^2.)
Die Zonen II und III erstrecken sich in der Ukraine über rund 1000 km^2, in der Russischen Föderation über 2000 km^2 und in Weißrußland über 7000 km^2 (siehe Abbildungen 48 und 49). Diese Gebiete sind zusammmen von rund einer Viertelmillion Personen bewohnt.

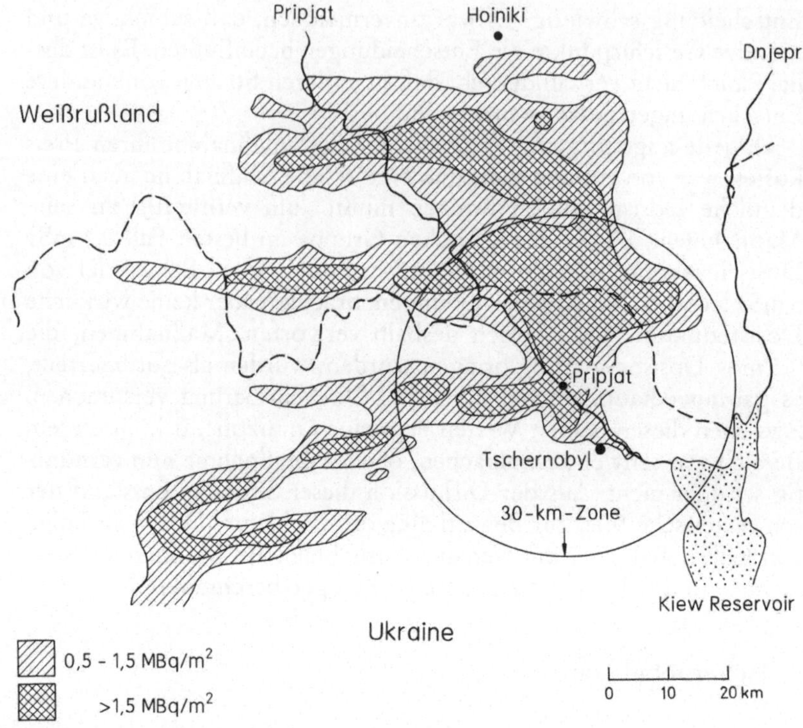

Abb. 48. Cs-137-kontaminierte Gebiete (> 0,5 MBq/m²)

Von der Strahlenschutzkommission der UdSSR wurde 1986 als Umsiedlungskriterium eine zu erwartende Lebensdosis von 350 Millisievert festgelegt. (In der Bundesrepublik Deutschland beträgt für beruflich strahlenexponierte Personen der Grenzwert der Berufslebensdosis 400 Millisievert; die aus der natürlichen Strahlenexposition resultierende Dosis summiert sich in 70 Jahren auf rund 170 Millisievert.) Es ist davon auszugehen, daß auf der Basis dieses Kriteriums noch einige zehntausend Personen umgesiedelt werden müssen, da für sie die zu erwartende Dosis aus externer Bestrahlung durch im Boden abgelagerte radioaktive Stoffe und durch Cs-137-Aufnahme mit den Nahrungsmitteln den Grenzwert überschreitet.

Fünf Jahre nach dem Reaktorunfall in Tschernobyl wurden bei der IAEO in Wien im Mai 1991 die Resultate des International Chernobyl Project vorgestellt. Der Wert der Studie liegt vor allem darin, daß eine Vielzahl von Befürchtungen und Behauptungen über ein ge-

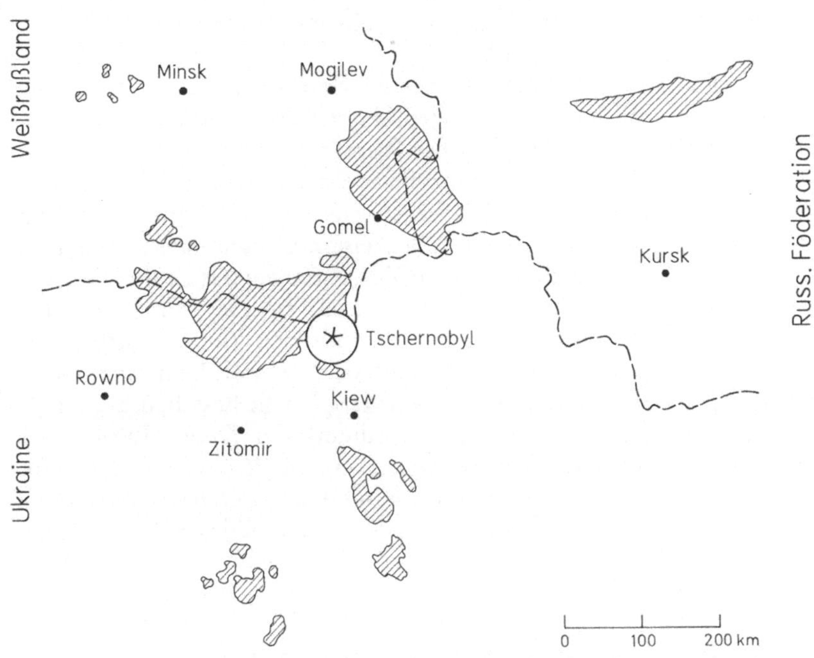

Abb. 49. Cs-137-Kontamination in der Umgebung von Tschernobyl

häuftes Auftreten gesundheitlich negativer Effekte im Nahfeld von Tschernobyl erstmals durch unabhängig erhobene Fakten widerlegt werden konnte. Wichtige Aussagen der beratenden Kommission, die das Projekt zur Erfassung der gesundheitlichen und ökologischen Auswirkungen sowie zur Erarbeitung von Schutzmaßnahmen auf Wunsch der Sowjetunion durchführte, lassen sich wie folgt zusammenfassen:

– Strahlendosen
Durch Auswertung von 8000 Dosimetern sowie die Messung von 9000 Personen in Ganzkörperzählern wurden die externe und die interne Strahlenexposition im Jahre 1990 bestimmt. Die Untersuchungen zeigten, daß die früheren sowjetischen Berechnungen die durchschnittlichen Dosen um einen Faktor von zwei bis drei über-

schätzen. Die akkumulierten Gesamtdosen wurden für die Bevölkerung in den untersuchten Dörfern auf 80 mSv bis 160 mSv geschätzt, während die sowjetischen Werte zwischen 150 mSv bis 400 mSv lagen (die Dosen in nicht kontaminierten Gebieten betragen für den gleichen Zeitraum 10 mSv bis 25 mSv).

– Gesundheitliche Auswirkungen

Der heutige Gesundheitszustand der Bevölkerung um Tschernobyl wurde durch Bewertung sowjetischer Quellen und durch eine unabhängige Erfassung klinischer Werte von Bewohnern aus kontaminierten Dörfern und Kontrolldörfern abgeschätzt.

Da die minimale Zeit zwischen der Strahlenexposition und dem Auftreten von Tumoren für die meisten Organe mindestens fünf bis zehn Jahre beträgt, steht zur Zeit vor allem das Leukämierisiko im Vordergrund. Leukämie kann bereits zwei bis fünf Jahre nach einer Strahlenexposition auftreten. Aus den Tumorregistern der betroffenen Sowjetrepubliken läßt sich zur Zeit keine Erhöhung der Leukämieraten ableiten. Schwierigkeiten bestehen allerdings bei der Vollständigkeit und Zuordnung der Daten. Infolge der durch radioaktives Iod bedingten hohen Schilddrüsendosen in größeren Populationen von Kindern konzentrieren sich die Untersuchungen auch auf das Auftreten von Schilddrüsenkrebs. Nach heutigen Kenntnissen sind für dieses Organ in den nächsten Jahren ansteigende Krebserkrankungshäufigkeiten zu befürchten.

Die Geburtenrate ist im Jahre 1987 deutlich gesunken. Die Kindersterblichkeit ist in allen Statistiken relativ hoch, jedoch seit 1980 stetig abnehmend. Die Mißbildungsrate variiert in Kontroll- und kontaminierten Gebieten sehr stark. Es zeigen sich jedoch keine klaren Tendenzen. Die schlechte Qualität der Gesundheitsstatistiken würde es nur erlauben, sehr große Effekte zu finden.

Das Ausmaß des Psycho-Stresses läßt sich daraus erahnen, daß in den Kontrollgebieten noch 30% der Untersuchten glauben, sie litten an strahlenbedingten Krankheiten. 80% der Bevölkerung in den kontaminierten Gebieten möchten evakuiert werden.

Abb. 3 a–e. Uranmineralien
a Gummit (gelb), Becquerelit (rotorange)
b Autunit (gelb), Torbernit (grün)
c Torbernit (dunkelgrün)
d Pechblende (schwarz), Becquerelit (rotorange)
e Torbernit (grün) in uranisiertem Holz

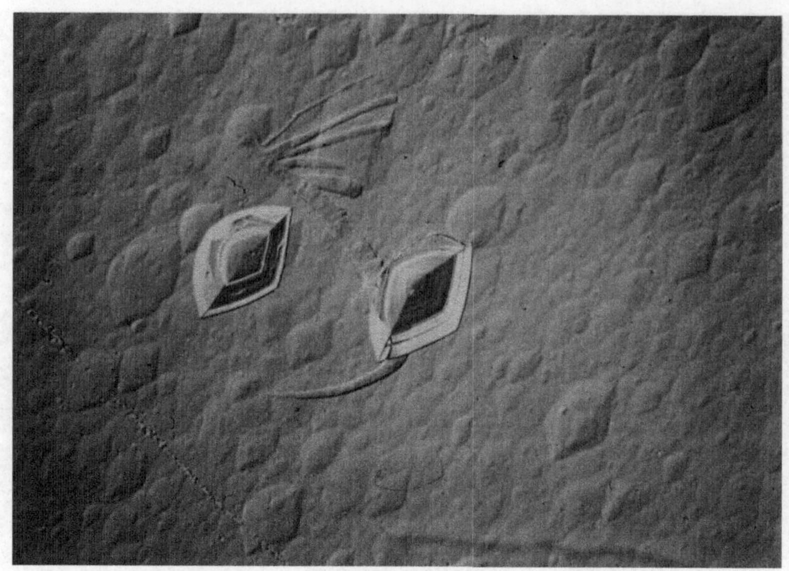

Abb. 18. Spaltfragmentspuren in Glimmer. In Kontakt mit Glimmer wurde eine thoriumhaltige Folie mit Neutronen bestrahlt. Nach Ätzung des Glimmers werden die Spaltfragmentspuren unter dem Mikroskop sichtbar

Abb. 34. Rote uranhaltige Glasur eines Teeservices (Majolika-Manufaktur Karlsruhe, Foto: Badisches Landesmuseum, Karlsruhe)

158

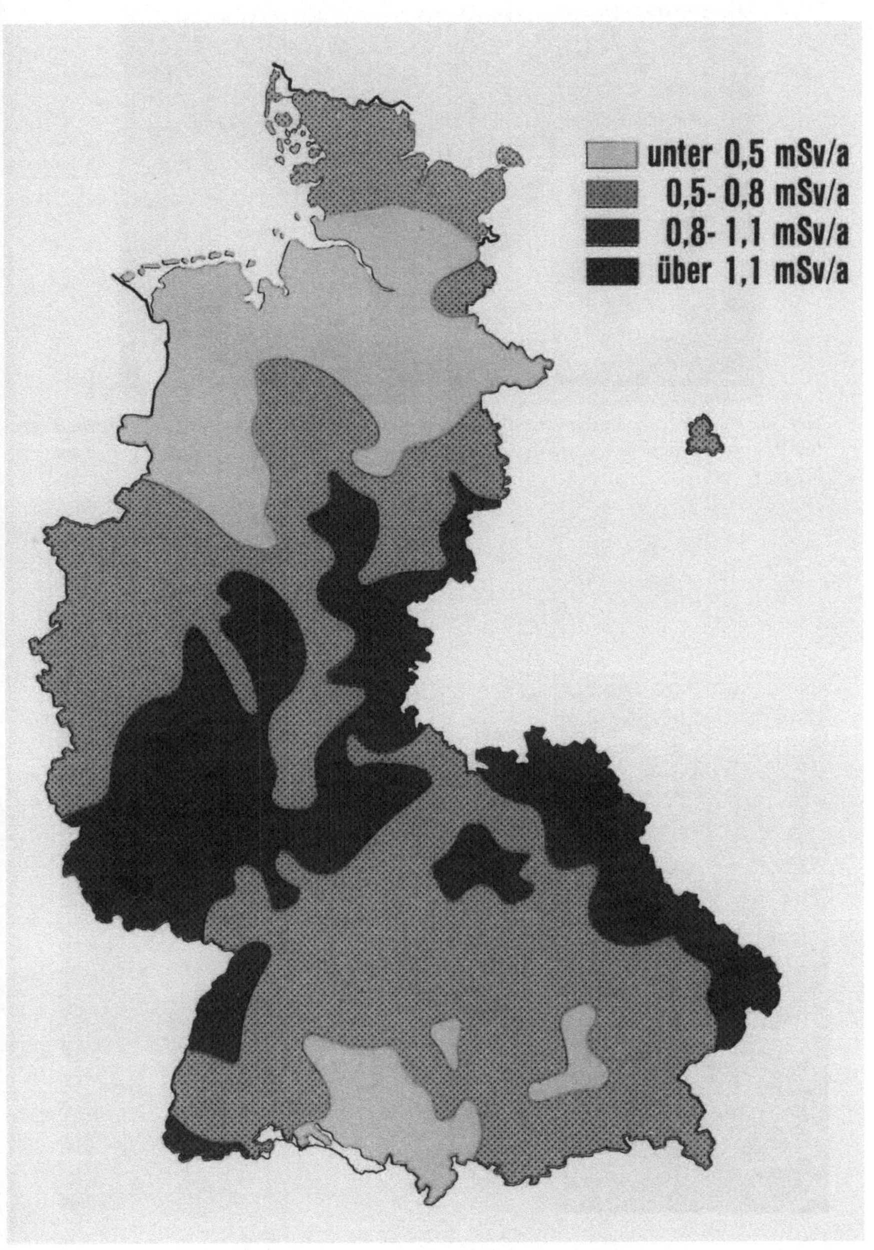

Abb. 28. Terrestrische Strahlendosis in Häusern

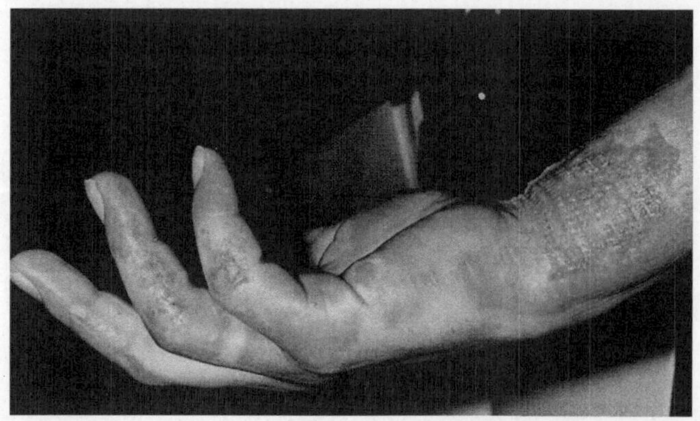

Abb. 36. Akuter Strahlenschaden durch Röntgenstrahlen. Die Dosis betrug aufgrund der Rekonstruktion des Unfallherganges und der nachträglichen Messungen etwa 100 Gray

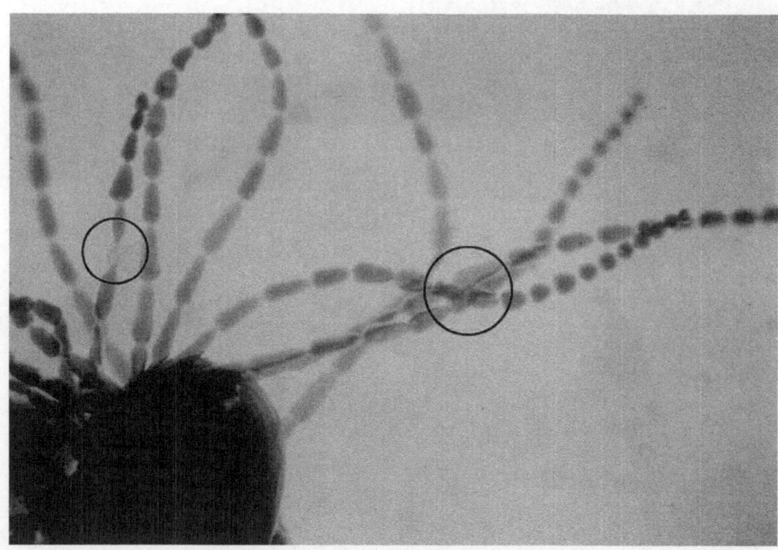

Abb. 38. Rosa- und Farblosmutation der Scheindolde einer Tradescantia (Klon KU9 einer Kreuzung T. paludosa × T. ohiensis) nach Bestrahlung durch 14-MeV-Neutronen mit einer Dosis von 0,2 Gray

Erklärung physikalischer Fachausdrücke

Absorber: Jedes Material, das ionisierende Strahlung absorbiert oder „aufhält". Für Gammastrahlen werden Materialien hoher Ordnungszahl und großer Dichte als Absorber verwendet (Blei, Stahl, Beton z. T. mit speziellen Zusätzen). Starke Neutronenabsorber wie Bor, Hafnium und Cadmium werden in Regelstäben von Reaktoren verwendet. Alphastrahlung wird bereits durch ein Blatt Papier total absorbiert, zur Absorption von Betastrahlung genügen bereits 1–2 Zentimeter Kunststoffmaterial oder auch 1 cm Aluminium.

Aktivierung: Ein Vorgang, durch den ein Material durch Beschuß mit Neutronen, Protonen oder anderen Teilchen radioaktiv gemacht wird.

Alphateilchen: Von verschiedenen radioaktiven Stoffen beim Zerfall ausgesandtes, zweifach positiv geladenes Teilchen. Es besteht aus zwei Neutronen und zwei Protonen, ist also mit dem Kern des Heliumatoms identisch. Alphastrahlung ist die am wenigsten durchdringende Strahlung der drei Strahlungsarten (Alpha-, Beta-, Gammastrahlung). Alphastrahlung wird schon durch ein Blatt Papier absorbiert. Sie ist für Lebewesen dann sehr gefährlich, wenn die Alphastrahlen aussendende Substanz eingeatmet oder mit der Nahrung aufgenommen wird oder in Wunden gelangt.

Alphazerfall: Radioaktive Umwandlung, bei der ein Alphateilchen emittiert wird. Beim Alphazerfall nimmt die Ordnungszahl um zwei Einheiten und die Massenzahl um vier Einheiten ab. So entsteht z. B. aus U-238 mit der Ordnungszahl 92 beim Alphazerfall Th-234 mit der Ordnungszahl 90.

Angeregter Zustand: Zustand eines Atoms oder Kerns mit einer höheren Energie, als seinem energetischen Grundzustand entspricht. Die Überschußenergie wird im allgemeinen als Photon bzw. Gammaquant abgegeben.

Antikoinzidenzschaltung: Elektronische Schaltung, die nur dann einen Ausgangsimpuls liefert, wenn nur an einem – meist einem festgelegten – Eingang ein Impuls auftritt. Treten an anderen Eingängen gleichzeitig oder um eine bestimmte Zeit verzögert Impulse auf, so wird kein Ausgangsimpuls abgegeben.

Atom: Das kleinste Teilchen eines Elementes, das auf chemischem Wege nicht weiter teilbar ist. Die Elemente unterscheiden sich durch ihren Atomaufbau voneinander. Atome sind unvorstellbar klein. Ein gewöhnlicher Wassertropfen enthält etwa 6000 Trillionen (eine 6 mit 21 Nullen) Atome. Der Durchmesser eines Atomes, das aus einem Kern (dem Atomkern) und einer Hülle (der Atomhülle oder Elektronenhülle) besteht, beträgt ungefähr ein hundertmillionstel Zentimeter (10^{-8} cm). Der Atomkern ist aus positiv geladenen Protonen und neutralen Neutronen aufgebaut, er ist daher positiv geladen. Sein Durchmesser ist etwa 10- bis 100-tausendmal kleiner als der der Atomhülle. Die Atomhülle besteht aus negativen Elektronen, die den Kern umkreisen. Atome verhalten sich nach außen elektrisch neutral, da die Protonen- und Elektronenzahl gleich ist.

Atomkern: Der positiv geladene Kern eines Atomes. Sein Durchmesser beträgt einige 10^{-13} (zehnbillionstel) cm, das ist rund 1/10000 des Atomdurchmessers. Er enthält fast die gesamte Masse des Atoms. Der Kern eines Atomes ist, mit Ausnahme des Kernes des normalen Wasserstoffes, aus Protonen und Neutronen zusammengesetzt. Die Anzahl der Protonen bestimmt die Kernladungs- oder Ordnungszahl, die Anzahl der Protonen plus Neutronen (der Nukleonen) die Nukleonen- oder Massenzahl des Kernes.

Betastrahlung: Mit Betastrahlung bezeichnet man die Emission von Elektronen beim radioaktiven Zerfall. Betastrahlen haben eine Energiekontinuum, angegeben wird jeweils die maximale Energie. Die wahrscheinlichste Energie des emittierten Betateilchens beträgt ein Drittel der maximalen Energie. Betastrahlen werden bereits durch geringe Schichtdicken (z. B. 1–2 cm Kunststoff oder 1 cm Aluminium) absorbiert.

Betateilchen: Ein Elektron oder Positron (positives Elektron), das von einem Atomkern oder Elementarteilchen beim radioaktiven Zerfall ausgesandt wird.

Bindungsenergie: Die erforderliche Energie, um aneinandergebundene Teilchen (unendlich weit) zu trennen. Im Falle eines Atomkernes sind diese Teilchen Protonen und Neutronen, die infolge der Kernbindungsenergie zusammengehalten werden. Neutronen- und Protonenbindungsenergien sind die Energien, die erforderlich sind, um ein Neutron bzw. ein Proton aus einem Kern zu entfernen. Elektronenbindungsenergie ist die Energie, die benötigt wird, um ein Elektron vollständig aus einem Atom oder einem Molekül zu entfernen.

Bremsstrahlung: Elektromagnetische Strahlung, die entsteht, wenn elektrisch geladene Teilchen beschleunigt oder abgebremst werden. Das Spektrum der emittierten Strahlung reicht von einer Maximalenergie, die durch die kinetische Energie des erzeugenden Teilchens gegeben ist, bis herab zur Energie Null. Der Energieverlust durch Bremsstrahlung steigt mit Z^2 (Z = Ordnungszahl des Absorbers) und linear mit der Teilchenenergie. Bremsstrahlung tritt erst dann merklich auf, wenn die Energie des Teilchens sehr groß gegen seine Ruheenergie ist; das ist meist nur für Elektronen erfüllt.

Compton-Effekt: Wechselwirkungseffekt von Röntgen- und Gammastrahlung mit Materie. Compton-Effekt ist die elastische Streuung eines Quants mit einem freien oder quasi-freien Elektron. Ein Teil der Energie und des Impulses des einfallenden Quants wird auf das Elektron übertragen, der Rest bleibt bei dem gestreuten Quant.

Deuterium: Wasserstoffisotop (H-2), dessen Kern ein Neutron und ein Proton enthält und infolgedessen etwa doppelt so schwer ist wie der Kern des normalen Wasserstoffes, der nur ein Proton enthält. Deuterium kommt in der Natur vor. Man bezeichnet es oft als „schweren“ Wasserstoff. Auf 6500 Wasserstoffatome entfällt ein Deuteriumatom.

Deuteron: Kern des Deuteriums. Er besteht aus einem Proton und einem Neutron.

elektromagnetische Strahlung: Strahlung aus elektrischen und magnetischen Wellen, die sich mit Lichtgeschwindigkeit fortbewegen. Beispiele: Licht, Radiowellen, Röntgenstrahlen, Gammastrahlen.

Elektron: Elementarteilchen mit einer negativen elektrischen Elementarladung und einer Ruhemasse von $9,1091 \cdot 10^{-31}$ kg (entspricht einer Ruheenergie von 511,007 keV). Das ist 1/1836 der Protonenmasse. Elektronen umgeben den positiv geladenen Atomkern und bestimmen weitgehend das chemische Verhalten des Atoms.

162

Elektroneneinfang: Zerfallsart mancher Radionuklide. Vom Atomkern wird ein Elektron der Atomhülle eingefangen, wobei sich im Kern ein Proton in ein Neutron umwandelt. Das dabei entstehende Element hat eine um eine Einheit kleinere Ordnungszahl; z. B.: Mn-54→Cr-54.

Elektronvolt: In der Atom- und Kernphysik gebräuchliche Einheit der Energie. Ein Elektronvolt ist die von einem Elektron oder sonstigen einfach geladenen Teilchen gewonnene kinetische Energie beim Durchlaufen einer Spannungsdifferenz von 1 Volt im Vakuum.

   Abgeleitete, größere Einheiten:
keV = Kiloelektronvolt = 10^3 eV
MeV = Megaelektronvolt = 10^6 eV
GeV = Gigaelektronvolt = 10^9 eV.

Gammaquant: Energiequant kurzwelliger elektromagnetischer Strahlung.

Gammastrahlung: Hochenergetische, kurzwellige elektromagnetische Strahlung, die von einem Atomkern ausgestrahlt wird. Die Energien von Gammastrahlen liegen gewöhnlich zwischen 0,1 und 10 MeV. Auch Röntgenstrahlen treten in diesem Energiebereich auf, sie haben aber ihren Ursprung nicht im Atomkern, sondern sie entstehen durch Elektronenübergänge in der Elektronenhülle oder durch Elektronenbremsung in Materie (Bremsstrahlung). Im allgemeinen ist der Alpha- und Betazerfall und immer der Spaltungsvorgang von Gammastrahlung begleitet. Gammastrahlen sind sehr durchdringend und lassen sich am besten durch Materialien hoher Dichte (Blei) schwächen.

Gleichgewicht, radioaktives: Als radioaktives Gleichgewicht bezeichnet man den Zustand, der sich bei einer radioaktiven Zerfallsreihe, für welche die Halbwertszeit des Ausgangsnuklides größer ist als die Halbwertszeiten der Folgeprodukte, dann einstellt, wenn eine Zeit vergangen ist, die groß ist gegenüber der größten Halbwertszeit der Folgeprodukte. Die Aktivitäten aller Glieder der Reihe nehmen dann entsprechend der Halbwertszeit des Ausgangsnuklides ab. Die Aktivitätsverhältnisse der Glieder sind zeitlich konstant.

Halbwertszeit, physikalische: Die Zeit, in der die Hälfte der Kerne eines Radionuklides zerfällt. Die Halbwertszeiten bei den verschiedenen Radionukliden sind sehr unterschiedlich, z. B. $1,5 \cdot 10^{24}$ Jahre (Te-128) und $3 \cdot 10^{-7}$ Sekunden (Po-212). Zwischen der Halbwertszeit T und der Zerfallskonstanten λ bestehen folgende Beziehungen:
$T = \ln 2 / \lambda \simeq 0,693 / \lambda$
$\lambda = \ln 2 / T \simeq 0,693 / T$.

Halbwertszeit, biologische: Die Zeit, in der ein biologisches System, beispielsweise ein Mensch oder Tier, auf natürlichem Wege die Hälfte der aufgenommenen Menge eines bestimmten Stoffes wieder ausscheidet.

Halbwertszeit, effektive: Die Zeit, in der in einem biologischen System die Menge eines Radionuklides auf die Hälfte abnimmt, und zwar im Zusammenwirken von radioaktivem Zerfall und Ausscheidung infolge biologischer Prozesse.
$T_{eff} = \quad T_{phys} \cdot T_{biol} / (T_{phys} + T_{biol})$
T_{phys}: physikalische Halbwertszeit
T_{biol}: biologische Halbwertszeit
So beträgt z. B. die effektive Halbwertszeit von I-131 für die Schilddrüse 7,6 Tage (T_{phys}: 8 d; T_{biol}: 138 d).

Ion: Elektrisch geladenes atomares oder molekulares Teilchen, das aus einem neutralen Atom oder Molekül durch Abspaltung oder Anlagerung von Elektronen oder durch elektrolytische Dissoziation von Molekülen in Lösungen entstehen kann.

Ionisation: Aufnahme oder Abgabe von Elektronen durch Atome oder Moleküle, die dadurch in Ionen umgewandelt werden. Hohe Temperaturen, elektrische Entladungen und energiereiche Strahlung können zur Ionisation führen.

Ionisierende Strahlung: Jede Strahlung, die direkt oder indirekt ionisiert, z.B. Alpha-, Beta-, Gamma-, Neutronenstrahlung.

Isobare: In der Kernphysik Kerne mit gleicher Nukleonenzahl, dagegen verschiedener Ordnungszahl. Beispiel: N-17, O-17, F-17; alle drei Kerne haben 17 Nukleonen, der Stickstoffkern (N) jedoch 7 Protonen, der Sauerstoffkern (O) 8 Protonen und der Fluorkern (F) 9 Protonen.

Isomere: Nuklide derselben Neutronen- und Protonenzahl, jedoch unterschiedlicher energetischer Zustände; z.B. Ba-137 und Ba-137 m.

Isotone: Atomkerne mit gleicher Neutronenzahl. Beispiel: S-36, Cl-37, Ar-38, K-39, Ca-40; diese Kerne enthalten jeweils 20 Neutronen, aber eine unterschiedliche Anzahl von Protonen: Schwefel (S) 16, Chlor (Cl) 17, Argon (Ar) 18, Kalium (K) 19 und Calzium 20 Protonen.

Isotope: Atome derselben Kernladungszahl (d.h. desselben chemischen Elementes), jedoch unterschiedlicher Nukleonenzahl, z.B. $^{20}_{10}$Ne und $^{22}_{10}$Ne. Beide Atomkerne enthalten 10 Protonen (Index links unten), sie gehören also zum selben chemischen Element, dem Neon (Ne). Die Nukleonenzahl (Index links oben) ist allerdings verschieden, da ^{20}Ne 10 Neutronen enthält, ^{22}Ne aber 12.

K-Einfang: Einfang eines Bahnelektrons aus der K-Schale durch einen Atomkern.

Koinzidenzschaltung: Elektronische Schaltung, die nur dann einen Ausgangsimpuls liefert, wenn an jedem der Schaltungseingänge innerhalb einer vorgegebenen Zeit, der Koinzidenzauflösungszeit, ein Eingangsimpuls ankommt.

Konversionselektron: Elektron, das aus der Atomhülle losgelöst wurde, indem die Energie eines vom selben Kerns emittierten Gammaquants auf dieses Elektron übertragen wurde. Die kinetische Energie des Konversionselektrons ist gleich der Energie des Gammaquants, vermindert um die Bindungsenergie des Elektrons. Die Wahrscheinlichkeit für das Auftreten von Konversionselektronen für ein bestimmtes Nuklid wird durch den inneren Konversionskoeffizienten angegeben.

K-Strahlung: K-Strahlung ist die charakteristische Röntgenstrahlung (Photonenstrahlung), die beim Wiederauffüllen der K-Schale, z.B. nach einem K-Einfang oder einer inneren Konversion an der K-Schale (Konversionselektron), ausgesandt wird.

Die Wiederauffüllung einer inneren Schale kann auch strahlungslos verlaufen; die freiwerdende Energie wird in diesem Fall auf ein Elektron einer weiter außen liegenden Schale übertragen, das die Atomhülle verläßt („Auger-Effekt").

Lebensdauer, mittlere: Die mittlere Lebensdauer oder auch kurz Lebensdauer ist die Zeit, in der die Anzahl der Kerne eines Radionuklides auf 1/e (e = 2,718 ..., Basis des natürlichen Logarithmus) abnimmt. Die Lebensdauer τ ist gleich dem Reziprokwert der Zerfallskonstanten λ. Zwischen der Lebensdauer und der Halbwertszeit T besteht die Beziehung:
$$\tau = T/\ln 2 \simeq 1,44 \cdot T.$$

Myon: Zusammenziehung des Begriffes μ-Meson. Elektrisch geladenes, instabiles Elementarteilchen mit einer Ruheenergie von 105,659 MeV, das entspricht dem 207,15-fachen der Ruheenergie eines Elektrons. Das Myon hat eine mittlere Lebensdauer von $2,2 \cdot 10^{-6}$ s und zerfällt in ein Elektron, ein Neutrino und ein Antineutrino. Das Myon gehört zur Elementarteilchengruppe der Leptonen.

Neutrino: Elektrisch neutrales Elementarteilchen mit einer Masse, die nahezu Null ist. Es wird in vielen Kernreaktionen erzeugt, beispielsweise beim Betazerfall. Das Neutrino zählt zur Elementarteilchengruppe der Leptonen.

Neutron: Ungeladenes Elementarteilchen mit einer Masse von $1,67\,482 \cdot 10^{-27}$ kg und damit geringfügig größer als die Protonenmasse. Das freie Neutron ist instabil und zerfällt mit einer Halbwertszeit von 11,5 Minuten in ein Elektron, ein Proton und ein Antineutrino.

Neutron, schnelles: Neutron mit einer kinetischen Energie von mehr als 0,1 MeV.

Neutronen, thermische: Neutronen im thermischen Gleichgewicht mit dem umgebenden Medium. Thermische Neutronen haben bei 293,6 K eine wahrscheinlichste Neutronengeschwindigkeit von 2200 m/s, das entspricht einer Energie von 0,0253 eV. Schnelle Neutronen, die z.B. bei einer Kernspaltung entstehen, werden durch Stöße mit Moderatoratomen auf thermische Energie abgebremst, sie werden „thermalisiert".

Nukleon: Gemeinsame Bezeichnung für Proton und Neutron.

Nukleonenzahl: Anzahl der Protonen und Neutronen (der Nukleonen) in einem Atomkern. Die Nukleonenzahl des U-238 ist 238 (92 Protonen und 146 Neutronen).

Nuklid: Ein Nuklid ist eine durch seine Protonenzahl, Neutronenzahl und seinen Energiezustand charakterisierte Atomart. Zustände mit einer Lebensdauer von weniger als 10^{-10} s werden angeregte Zustände eines Nuklides genannt. Zur Zeit sind über 2500 verschiedene Nuklide bekannt, die sich auf die 109 bekannten Elemente verteilen. Davon sind über 2250 Nuklide radioaktiv.

Paarbildung: Wechselwirkung von energiereicher elektromagnetischer Strahlung mit Materie. Ist die Energie der Strahlung größer als 1,02 MeV, besteht die Möglichkeit zur Erzeugung eines Elektron-Positron-Paares (Materialisation von Energie).

Photo-Effekt: Wechselwirkung von elektromagnetischer Strahlung mit Materie. Das Strahlungsquant überträgt seine Energie an ein Hüllenelektron des Atoms. Das Elektron erhält hierbei kinetische Energie, die gleich der Energie des Quants ist, vermindert um die Bindungsenergie des Elektrons.

Photon: Energiequant der elektromagnetischen Strahlung. Die Ruhemasse des Photons ist Null. Es hat keine elektrische Ladung.

Pion: Kurzlebiges Elementarteilchen; Kurzform für π-Meson. Die Masse eines geladenen Pions ist rund 273 mal so groß wie die eines Elektrons. Ein elektrisch neutrales Pion hat eine Masse, die das 264fache der Elektronenmasse beträgt.

Positron: Elementarteilchen mit der Masse eines Elektrons, jedoch positiver Ladung. Es ist das „Anti-Elektron". Es wird beim Positronenzerfall (β^+-Zerfall) ausgesandt und entsteht bei der Paarbildung.

Proton: Elementarteilchen mit einer positiven elektrischen Elementarladung und einer Masse von $1,67\,252 \cdot 10^{-27}$ kg, das entspricht dem 1836fachen der Elektronenmasse. Protonen und Neutronen bilden zusammen den Atomkern. Die Zahl der Protonen im Atomkern bestimmt das chemische Element.

Röntgenstrahlung: Durchdringende elektromagnetische Strahlung. Die Erzeugung der Röntgenstrahlung geschieht durch Abbremsung von Elektronen oder schweren geladenen Teilchen.

In einer Röntgenröhre werden Elektronen durch eine hohe Gleichspannung beschleunigt und auf eine Metallelektrode geschossen. Die dabei entstehende Bremsstrahlung nennt man Röntgenstrahlung.

Ruheenergie: Aus der Relativitätstheorie folgt, daß zwischen Masse und Energie eine Äquivalenzbeziehung besteht. Die Energie ist gleich dem Produkt aus Masse und dem Quadrat der Lichtgeschwindigkeit: $E = mc^2$. Ruheenergie E_o ist also das Energieäquivalent eines ruhenden, d. h. nicht bewegten Teilchens. So beträgt z. B. die Ruheenergie des Protons $E_{p.o} = 938{,}257$ MeV.

Die Ruheenergie von 1 g Masse entspricht etwa $2{,}5 \cdot 10^7$ kWh.

Ruhemasse: Die Masse eines Teilchens, das sich in Ruhe befindet. Nach der Relativitätstheorie ist die Masse geschwindigkeitsabhängig und nimmt mit wachsender Teilchengeschwindigkeit zu, wobei die Teilchengeschwindigkeit immer kleiner als die Lichtgeschwindigkeit im Vakuum bleibt.

$$m = m_o / (1 - (v/c_o)^2)^{1/2}$$

m: Masse
m_o: Ruhemasse
v: Teilchengeschwindigkeit
c_o: Lichtgeschwindigkeit im Vakuum

Strahlung, charakteristische: Beim Übergang eines Elektrons der Hülle auf eine weiter innen gelegene Schale von einem Atom emittierte elektromagnetische Strahlung. Die Wellenlänge ist nur abhängig vom jeweiligen Element und der Übergangsart.

Wechselwirkung: Mit Wechselwirkung bezeichnet man den Einfluß eines physikalischen Körpers auf einen anderen. Häufig bezeichnet man auch die Kopplung zwischen einem Feld und seiner Quelle als Wechselwirkung.

Es gibt Wechselwirkungen verschiedenster Art, z. B. Gravitationswechselwirkung, elektromagnetische Wechselwirkung, schwache Wechselwirkung, starke Wechselwirkung.

Wechselwirkung, schwache: Wechselwirkung zwischen Elementarteilchen, bei der die Parität nicht erhalten bleibt, z. B. Betazerfall.

Wechselwirkung, starke: Neben der elektromagnetischen und der schwachen Wechselwirkung die dritte bekannte Wechselwirkung zwischen Elementarteilchen. Sie bewirkt u. a. die zusammenhaltenden Kräfte der Nukleonen im Atomkern.

Die starke Wechselwirkung verhält sich zur elektromagnetischen, zur schwachen und zur Gravitationswechselwirkung wie $1 : 10^{-3} : 10^{-15} : 10^{-40}$.

Zerfallskonstante: Die Zerfallskonstante λ eines radioaktiven Zerfalls ist gleich dem Reziprokwert der mittleren Lebensdauer τ. Zwischen der Zerfallskonstanten λ, der mittleren Lebensdauer τ und der Halbwertszeit T bestehen folgende Beziehungen:
$$\lambda = \tau^{-1} = T^{-1} \cdot \ln 2.$$

Erklärung dosimetrischer Fachausdrücke

Äquivalentdosis: Produkt aus Energiedosis und Bewertungsfaktor, der seinerseits das Produkt aus dem Qualitätsfaktor und anderen modifizierenden Faktoren ist. Der Wert des Qualitätsfaktors hängt vom linearen Energieübertragungsvermögen der jeweiligen Strahlenart ab, der Wert der anderen modifizierenden Faktoren davon, ob es sich um eine äußere oder innere Exposition handelt. Der Ausdruck Äquivalentdosis wird nur im Strahlenschutz verwendet.

Die Äquivalentdosis H an einem Punkt im Gewebe wird durch die Gleichung $H = D \cdot Q \cdot N$ angegeben. Hierbei ist D die Energiedosis, Q der Qualitätsfaktor und N das Produkt aller anderen modifizierenden Faktoren. Solche Faktoren können z.B. die Energiedosisleistung und eine fraktionierte Bestrahlung berücksichtigen. Gegenwärtig ist dem Faktor N der Wert 1 gegeben.

Die Einheit für die Äquivalentdosis ist Joule/kg (J/kg). Der besondere Name für die Einheit der Äquivalentdosis ist das Sievert (Sv).

Äquivalentdosis, effektive: Summe der mit dem jeweiligen Wichtungsfaktor multiplizierten Äquivalentdosen der einzelnen Organe. Der Wichtungsfaktor berücksichtigt die jeweilige Strahlenempfindlichkeit der einzelnen Organe, so daß die effektive Äquivalentdosis eine einheitliche Bewertung von gleichförmiger und ungleichförmiger Strahlenexposition des Ganzkörpers ermöglicht.

Dosis, genetisch signifikante: Summe der mit dem genetischen Wichtungsfaktor multiplizierten Werte der Gonadendosen aller Angehörigen einer Bevölkerungsgruppe, dividiert durch deren Anzahl. Dabei ist im genetischen Wichtungsfaktor die mittlere Kindererwartung der strahlenexponierten Personen in Abhängigkeit von ihrem Alter berücksichtigt.

Dosisleistung: Quotient aus der Dosis und der Zeit (Ionendosisleistung, Energiedosisleistung, Äquivalentdosisleistung).

Energiedosis: Gesamte absorbierte Strahlungsenergie in der Masseneinheit.

Die Einheit der Energiedosis ist Joule durch Kilogramm (J/kg). Ein J/kg ist gleich der Energiedosis, die bei Übertragung der Energie 1 J auf Materie der Masse 1 kg durch ionisierende Strahlung räumlich konstanter Energieflußdichte entsteht.

Der besondere Einheitenname für die Energiedosis ist Gray (Kurzzeichen: Gy).

1 Gy = 1 J/kg.

Bis Ende 1985 war amtlich noch als Einheit das Rad (Kurzzeichen: rd oder rad) zugelassen.

1 Gy = 100 rd;

1 rd = 1/100 J/kg = 1/100 Gy.

Folgeäquivalentdosis: Äquivalentdosis, die ein Organ oder Gewebe durch Inkorporation eines oder mehrerer Radionuklide während eines unendlichen Zeitraumes erhält.

50-Jahre-Folgeäquivalentdosis: Äquivalentdosis, die einem Organ oder Gewebe durch einmalige Inkorporation eines oder mehrerer Radionuklide während eines Zeitraumes von 50 Jahren nach der Inkorporation erteilt wird.

Ganzkörperdosis: Mittelwert der Äquivalentdosis über Kopf, Rumpf, Oberarme und Oberschenkel als Folge einer als homogen angesehenen Bestrahlung des ganzen Körpers.

gewebeähnlich: Begriff aus der Strahlenschutzmeßtechnik; gewebeähnlich ist eine Kennzeichnung für einen Stoff, dessen absorbierende und streuende Eigenschaften für eine gegebene Strahlung mit denen eines bestimmten biologischen Gewebes ausreichend übereinstimmen.

Gonadendosis: Dosis an den Geschlechtsorganen.

Gray: Einheitenname für die Einheit der Energiedosis, Kurzzeichen: Gy. 1 Gray = 1 Joule durch Kilogramm; 1 Gy = 1 J/kg. 1 Gray = 100 Rad.
Der Einheitenname „Gray" wurde in Erinnerung an Louis Harold Gray (1905–1965) gewählt, der mit zu den fundamentalen Erkenntnissen in der Strahlendosimetrie beigetragen hat.

Ionendosis: Die Einheit der Ionendosis ist Coulomb durch Kilogramm (C/kg).
1 C/kg ist gleich der Ionendosis, die bei der Erzeugung von Ionen eines Vorzeichens mit der elektrischen Ladung 1 C in Luft der Masse 1 kg durch ionisierende Strahlung räumlich konstanter Energieflußdichte entsteht.
Bis Ende 1985 war amtlich noch als Einheit das Röntgen (Kurzzeichen: R) zugelassen. 1 Röntgen ist gleich 258 μC/kg.

Ionendosisleistung: Die Einheit der Ionendosisrate oder Ionendosisleistung ist das Ampere durch Kilogramm (A/kg).
1 A/kg ist gleich der Ionendosisleistung, bei der durch ionisierende Strahlung die Ionendosis 1 C/kg während 1 Sekunde entsteht.
Die Einheit Röntgen/Stunde (R/h) war noch bis Ende 1985 amtlich zugelassen. 1 R/h = $7{,}17 \cdot 10^{-8}$ A/kg.

KERMA: kinetic energy released in matter; Begriff aus der Dosimetrie. Die KERMA ist der Quotient aus den kinetischen Energien aller geladenen Teilchen, die in einem Volumenelement durch indirekt ionisierende Teilchen freigesetzt werden, und der Masse der Materie in diesem Volumenelement.

Kollektiv-Äquivalentdosis: Produkt aus der Anzahl der Personen der exponierten Bevölkerungsgruppe und der mittleren Pro-Kopf-Äquivalentdosis. Die Einheit der Kollektiv-Äquivalentdosis ist das Mann-Sievert.

Körperdosis: Sammelbegriff für Ganz- und Teilkörperdosis.

Letaldosis: Dosis ionisierender Strahlung, die ausreicht, den Tod herbeizuführen. Die mittlere Letaldosis (LD_{50}) ist die Dosis, die erforderlich ist, um die Hälfte der Individuen zu töten, die ähnlich bestrahlt wurden. Die LD_{50} für den Menschen liegt bei rund 4 Gy.

Ortsdosis: Äquivalentdosis für Weichteilgewebe, gemessen an einem bestimmten Ort.

Personendosis: Äquivalentdosis für Weichteilgewebe, gemessen an einer für die Strahlenexposition repräsentativen Stelle der Körperoberfläche.

168

Qualitätsfaktor: Der Qualitätsfaktor Q einer ionisierenden Strahlung soll den Einfluß der mikroskopischen Verteilung der absorbierten Energie auf den Schaden berücksichtigen.

Multiplikation der Energiedosis mit dem Qualitätsfaktor ergibt die Äquivalentdosis. Für bestimmte Strahlenarten gelten folgende Werte:

Röntgen- und Gammastrahlung, Betastrahlung, Elektronen und
Positronen $\qquad$ $Q = 1$

Neutronen nicht bekannter Energie $\qquad$ $Q = 10$

Alphastrahlung aus Radionukliden $\qquad$ $Q = 20$

Rad: Einheit der Energiedosis (Rad: radiation absorbed dose); ein Rad entspricht der Absorption einer Strahlungsenergie von 1/100 Joule pro Kilogramm Materie. Einheitenkurzzeichen: rd oder rad.

Die Einheit Rad war noch bis Ende 1985 amtlich zugelassen. Die neue Einheit der Energiedosis ist das Joule/Kilogramm mit dem besonderen Einheitenname Gray, Kurzzeichen Gy.

1 Gray = 100 Rad; 1 Gy = 100 rd; 1 rd = 1/100 Gy.

relative biologische Wirksamkeit (RBW): Für einen bestimmten lebenden Organismus oder Teil eines Organismus das Verhältnis der Energiedosis einer Referenzstrahlung (meist 200 kV Röntgenstrahlen), die eine bestimmte biologische Wirkung erzeugt, zu der Energiedosis der betreffenden Strahlung, die die gleiche biologische Wirkung erzeugt.

Die relative biologische Wirksamkeit ist im Gegensatz zum Qualitätsfaktor von der Art der betrachteten biologischen Wirkung und von der Höhe der Dosis abhängig.

Rem: Einheit der Äquivalentdosis, Kurzzeichen: rem.

Die Einheit Rem war noch bis Ende 1985 amtlich zugelassen. Die neue Einheit der Äquivalentdosis ist das Joule durch Kilogramm mit dem besonderen Einheitennamen Sievert.

Röntgen: Einheit der Ionendosis, Kurzzeichen: R. Die Ionendosis von 1 Röntgen liegt vor, wenn durch Gamma- oder Röntgenstrahlung in 1 cm^3 trockener Luft unter Normalbedingungen (1,293 mg Luft) eine Ionenmenge von einer elektrostatischen Ladungseinheit erzeugt wurde.

Die Einheit Röntgen war noch bis Ende 1985 amtlich zugelassen. Die neue Einheit der Ionendosis ist Coulomb durch Kilogramm (C/kg).

1 R = 258 µC/kg; 1 C/kg $\simeq$ 3876 R.

Sievert: Neuer, besonderer Einheitenname für die Äquivalentdosis; Einheitenkurzzeichen: Sv; benannt nach einem schwedischen Wissenschaftlicher, der sich um die Einführung und Weiterentwicklung des Strahlenschutzes besonders verdient gemacht hat. 1 Sv = 100 rem.

Teilkörperdosis: Mittelwert der Äquivalentdosis über das Volumen eines Körperabschnitts oder eines Organs, im Fall der Haut über die kritische Fläche (1 cm^2 im Bereich der maximalen Äquivalentdosis in 70 µm Tiefe).

SI-Einheiten der Aktivität und Dosis

Physikalische Größe	SI-Einheit	alte Einheit	Beziehung
Aktivität	Becquerel (Bq) $1\,Bq = 1/s$	Curie (Ci)	$1\,Ci = 3{,}7 \cdot 10^{10}\,Bq$ $1\,Bq \simeq 2{,}7 \cdot 10^{-11}\,Ci$ $\simeq 27\,pCi$
Energiedosis	Gray (Gy) $1\,Gy = 1\,J/kg$	Rad (rd)	$1\,rd = 0{,}01\,Gy$ $1\,Gy = 100\,rd$
Äquivalentdosis	Sievert (Sv) $1\,Sv = 1\,J/kg$	Rem (rem)	$1\,rem = 0{,}01\,Sv$ $1\,Sv = 100\,rem$
Ionendosis	Coulomb durch Kilogramm (C/kg)	Röntgen (R)	$1\,R = 2{,}58 \cdot 10^{-4}\,C/kg$ $= 0{,}258\,mC/kg$ $1\,C/kg \simeq 3876\,R$

Präfixe für dezimale Vielfache und Teile von Einheiten

Präfix	Kurz-bezeichnung	Faktor
Exa	E	10^{18}
Peta	P	10^{15}
Tera	T	10^{12}
Giga	G	10^{9}
Mega	M	10^{6}
Kilo	k	10^{3}
Hekto	h	10^{2}
Deka	da	10^{1}
Dezi	d	10^{-1}
Zenti	c	10^{-2}
Milli	m	10^{-3}
Mikro	μ	10^{-6}
Nano	n	10^{-9}
Pico	p	10^{-12}
Femto	f	10^{-15}
Atto	a	10^{-18}

Weiterführende und ergänzende Literatur

Zur Geschichte

W. C. Röntgen: Über eine neue Art von Strahlen. Naturwissenschaftliche Texte bei Kindler, München 1972

W. Minder: Geschichte der Radioaktivität. Springer, Berlin, Heidelberg, New York 1981

E. Rutherford: The Collected Papers of Lord Rutherford of Nelson, Vol. 1. George Allen and Unwin Ltd., London 1962

F. Kirchheimer: Das Uran und seine Geschichte. Schweizerbartsche Verlagsbuchhandlung, Stuttgart 1963

S. Meyer, E. R. v. Schweidler: Radioaktivität. Teubner, Leipzig 1916

H. Becquerel: Sur une propriété nouvelle de la matière, la radioactivité. Les Prix Nobel en 1903, Stockholm 1906

Die berühmten Erfinder, Physiker und Ingenieure. Aulis, Köln 1963

O. Hahn, F. Straßmann: Über den Nachweis und das Verhalten der bei der Bestrahlung des Urans mittels Neutronen entstehenden Erdalkalimetalle. Naturwiss. *27*, 11–15 (1939)

E. Curie: Madame Curie. S. Fischer, Frankfurt/M. 1952

Zur Strahlen- und Strahlenschutzmeßtechnik

H. Kiefer, R. Maushart: Strahlenschutzmeßtechnik. G. Braun, Karlsruhe 1964

H. Neuert: Kernphysikalische Meßverfahren zum Nachweis für Teilchen und Quanten. G. Braun, Karlsruhe 1966

R. Maushart: Man nehme einen Geigerzähler. GIT-Verlag, Darmstadt, 1985

A. Hoegl: Strahlenschutzmeßtechnik. In: J Vogl, A. Heigl, K. Schäfer (Hrsg.) Handbuch des Umweltschutzes, Strahlenschutzmeßtechnik, Ecomed, Landsberg/Lech 1985

Zur Strahlenexposition

United Nations: Ionizing Radiation: Sources and Biological Effects, United Nations Scientific Committee on the Effects of Atomic Radiation, 1982 Report to the General Assembly, with Annexes. United Nations Publication, New York 1982

United Nations: Sources and Effects of Ionizing Radiation, United Nations Scientific Committee on the Effects of Atomic Radiation, 1977 Report to the General Assembly, with Annexes. United Nations Publication, New York 1977

United Nations: A Report of the United Nations Scientific Committee on the Effects of Atomic Radiation to the General Assembly, with Annexes, Volume 1: Levels, Volume 2: Effects. United Nations Publication, New York 1972

K. Aurand, H. Bücker, O. Hug, W. Jacobi, A. Kaul, H. Muth, W. Pohlit, W. Stahlhofen (Hrsg.): Die natürliche Strahlenexposition des Menschen. G. Thieme, Stuttgart 1974

The Natural Radiation Environment. University of Chicago Press, Chicago 1964

Brazilian Academy of Sciences, Proceedings of the International Symposium on Areas of High Natural Radioactivity. Poços de Caldas, Brazil 1975

W. Jacobi, H. G. Paretzke, U. H. Ehling: Strahlenexposition und Strahlenrisiko der Bevölkerung. Gesellschaft für Strahlen- und Umweltforschung mbH, GSF-Bericht S-710, München 1981

Der Bundesminister des Innern: Die Strahlenexposition von außen in der Bundesrepublik Deutschland durch natürliche radioaktive Stoffe im Freien und in Wohnungen unter Berücksichtigung des Einflusses von Baustoffen. Bonn 1978

M. Urban, A. Wicke, H. Kiefer: Bestimmung der Strahlenbelastung der Bevölkerung durch Radon und dessen kurzlebige Zerfallsprodukte in Wohnhäusern und im Freien. KfK-3805, Karlsruhe 1985

United Nations: Sources, Effects and Risks of Ionizing Radiation, United Nations Scientific Committee on the Effects of Atomic Radiation, 1988 Report to the General Assembly, United Nations Publication, New York 1988

Der Bundesminister für Umwelt, Naturschutz und Reaktorsicherheit: Umweltpolitik, Umweltradioaktivität und Strahlenbelastung, Jahresbericht 1988, Bonn 1991

Zur biologischen Strahlenwirkung

H. Dertinger, H. Jung: Molekulare Strahlenbiologie. Springer, Berlin, Heidelberg, New York 1969

A. Catsch, in: Handbuch der Medizinischen Radiologie; Biologie der Radionuklide. Springer, Berlin, Heidelberg, New York 1966

H. Fritz-Niggli: Strahlengefährdung – Strahlenschutz. Huber, Bern, Stuttgart, Wien 1975

L. Rausch: Strahlenrisiko? R. Piper, München 1979

L. Rausch: Mensch und Strahlenwirkung. R. Piper, München, Zürich 1982

National Academy of Sciences/National Research Council: The Effects on Populations of Exposure to Low Levels of Ionizing Radiation (BEIR III), National Academy Press, Washington, D.C., 1980

National Research Council/Committee on the Biological Effects of Ionizing Radiations: Health Risks of Radon and Other Internally Deposited Alpha-Emitters (BEIR IV), National Academy Press, Washington, D.C., 1988

National Research Council/Commission on Life Sciences: Health Effects of Exposure to Low Levels of Ionizing Radiation (BEIR V), National Academy Press, Washington, D.C., 1990

United Nations: Genetic and Somatic Effects of Ionizing Radiation, United Nations Scientific Committee on the Effects of Atomic Radiation, 1986 Report to the General Assembly, United Nations Publication, New York 1986

United Nations: Sources, Effects and Risks of Ionizing Radiation, United Nations Scientific Committee on the Effects of Atomic Radiation, 1988 Report to the General Assembly, United Nations Publication, New York 1988

Der Bundesminister für Umwelt, Naturschutz und Reaktorsicherheit (Hrsg.): Aktuelle Fragen zur Bewertung des Strahlenkrebsrisikos, Veröffentlichungen der Strahlenschutzkommission, Band 12, G. Fischer Verlag, Stuttgart, 1989

Zu den Strahlenschutzempfehlungen

International Commission on Radiological Protection (ICRP): Empfehlungen der Internationalen Strahlenschutzkommission, Heft 26. G. Fischer, Stuttgart, New York 1978

International Commission on Radiological Protection (ICRP): 1990 Recommendations of the International Commission on Radiological Protection, ICRP Publication 60, Annals of the ICRP, Vol. 21, No. 1–3, Pergamon Press, Oxford, 1991

Reaktorunfall Tschernobyl

USSR State Committee on the Utilization of Atomic Energy
The Accident at the Chernobyl Nuclear Power Plant and its Consequences
Working Document for the IAEA Post-Accident Review Meeting, Aug. 25–29, 1986, Vienna

Gesellschaft für Reaktorsicherheit, Köln
Der Unfall im Kernkraftwerk Tschernobyl
GRS-S-39, Juni 1986, Köln

Gesellschaft für Reaktorsicherheit, Köln
Neuere Erkenntnisse zum Unfall im Kernkraftwerk Tschernobyl
GRS-S-40, November 1986, Köln

Hauptabteilung für die Sicherheit der Kernanlagen
Der Unfall Chernobyl. Ein Überblick über Ursachen und Auswirkungen
HSK-AN-1816, Oktober 1986, Würenlingen/Schweiz

H. Schüttelkopf, A. Wicke
Der Reaktorunfall von Tschernobyl – Die Strahlenexposition im Raum Karlsruhe
KfK-4140, November 1986, Kernforschungszentrum Karlsruhe

Bundesminister für Umwelt, Naturschutz und Reaktorsicherheit (Hrsg.)
Auswirkungen des Reaktorunfalls in Tschernobyl in der Bundesrepublik Deutschland
Veröffentlichungen der Strahlenschutzkommission, Band 5
G. Fischer Verlag, Stuttgart 1986

J. Rassow
Risiken der Kernenergie – Fakten und Zusammenhänge im Lichte des Tschernobyl-Unfalls
VCH-Verlagsgesellschaft mbH, Weinheim 1988

The International Chernobyl Project.
An Overview
IAEA, Wien 1991
ISBN 92-0-129091-8

The International Chernobyl Project
Assessment of Radiological Consequences and Evaluation of Protective Measures, Conclusions and Recommendations of a report by an international advisory committee
IAEA, Wien Mai 1991

Sachverzeichnis

Springer-Verlag und Umwelt

Als internationaler wissenschaftlicher Verlag sind wir uns unserer besonderen Verpflichtung der Umwelt gegenüber bewußt und beziehen umweltorientierte Grundsätze in Unternehmensentscheidungen mit ein.

Von unseren Geschäftspartnern (Druckereien, Papierfabriken, Verpackungsherstellern usw.) verlangen wir, daß sie sowohl beim Herstellungsprozeß selbst als auch beim Einsatz der zur Verwendung kommenden Materialien ökologische Gesichtspunkte berücksichtigen.

Das für dieses Buch verwendete Papier ist aus chlorfrei bzw. chlorarm hergestelltem Zellstoff gefertigt und im ph-Wert neutral.